BLAUE
REIHE

AF523708

Aus der BLAUEN REIHE empfehlen wir:

Personalmanagement in Sozialunternehmen
978-3-8029-5489-4

Konfliktmanagement
978-3-8029-5439-9

Aus Führungsfehlern lernen
978-3-8029-7276-8

Führungskommunikation in der Organisation
978-3-8029-5486-3

Armin Schneider

DIE ERSTEN 100 TAGE UND DANACH ... HANDBUCH FÜR NEUE FÜHRUNGSKRÄFTE

Den eigenen Weg in der sozialen Organisation finden

Bibliografische Information der Deutschen Nationalbibliothek
Die Deutsche Nationalbibliothek verzeichnet diese Publikation in der Deutschen Nationalbibliografie; detaillierte bibliografische Daten sind im Internet über www.dnb.de abrufbar.

Zitiervorschlag:
Schneider, A. (2021): Die ersten 100 Tage und danach ... Handbuch für neue Führungskräfte. Walhalla Fachverlag, Regensburg

Herausgeber der BLAUEN REIHE sind:

- Prof. Dr. Paul Brandl, Fachhochschule Oberösterreich
- Prof. Dr. Astrid Herold-Majumdar, Hochschule für angewandte Wissenschaften München
- Prof. Dr. Thomas Prinz, Fachhochschule Oberösterreich
- Prof. Dr. Klaus Schellberg, Evangelische Hochschule Nürnberg
- Prof. Dr. Armin Schneider, Hochschule Koblenz

Weitere Infos zum Herausgeber-Team und zur BLAUEN REIHE finden Sie unter: www.fokus-sozialmanagement.de

Produktion: Walhalla Fachverlag, 93042 Regensburg
Umschlaggestaltung: grubergrafik, Augsburg
Printed in Germany
ISBN 978-3-8029-5495-5

SBL-SDK-0121-27864-POD

Gesamtinhaltsverzeichnis

Abbildungsverzeichnis 8

Einleitung: Aller Anfang ... prägt und setzt Zeichen 9

1. Führungsaufgaben: Zwischen Chaos und Ordnung 13

1.1 Digital Leadership – Ersatz oder Ergänzung? 14

1.2 Ehrenamtlich führen – gelingt nicht „nebenbei" 16

1.3 Entscheidungen – betreffen immer eine ungewisse Zukunft 18

1.4 Führung oder Management? – in der Organisation und darüber hinaus 20

1.5 Gestaltung statt Verwaltung – zwischen Dynamik und Stabilität 26

1.6 Konflikte – erkennen, lösen oder lösen lassen 27

1.7 Leitbild – Leid-Bild, Light-Bild oder Leih-Bild? 30

1.8 Marketing – den Markt im Blick 31

1.9 Nachhaltigkeit – als zukunftsträchtige Gegenwartsaufgabe 33

1.10 Organisation – Zwischen Bürokratie und Agilität 35

1.11 Qualitätsmanagement – Orientierung mit Beteiligung 38

1.12 Risikomanagement – schafft Raum für Chancen 40

1.13 Strategie – Denken und Handeln 42

1.14 Stakeholder/innen – in ihren Interessen nutzen 43

1.15 Veränderungen – Widerstandsenergie nutzen 45

1.16 Verantwortung – Rechenschaft für Handeln und Nichthandeln 48

1.17 Wettbewerb – zwischen Schein und Sein 49

1.18 Checkliste Führungsaufgaben 51

2. Kommunikation: auf allen Kanälen 54

2.1 Ad Experimentum – Mut zum Ausprobieren 55

2.2 Antrittsrede – Mensch, Ziele und Programm erkennbar machen 55

2.3 Besprechungen – inspirierend gestalten 57

2.4 Controlling – Informationen zur wirkungsorientierten Steuerung nutzen 58

2.5 Gesprächsnotizen – Notwendiges knapp notieren 61

2.6 Gremien – zielorientierte Kommunikationsrunden 62

2.7 Informationen – alle benötigen die für sie relevanten 64

2.8 Kommunikationskultur – auch der Flurfunk hat seine Berechtigung 66

2.9 Öffentlichkeitsarbeit – Gutes tun und darüber reden 69

2.10 Protokolle – als aktive Dokumente nutzen 72

2.11 Checkliste Kommunikation 74

3. **Finanzen: Ressourcen immer im Blick haben** ... 76
3.1 Betriebliches Rechnungswesen – Zahlen zur Steuerung nutzen ... 77
3.2 Buchhaltung und Bilanz – sich Überblick verschaffen ... 78
3.3 Budget – in der Nähe der entscheidenden Kosten planen ... 82
3.4 Finanzierung – genügend Geld für alle Fälle ... 84
3.5 Fundraising – Ressourcenbeschaffung ... 86
3.6 Haushalt – zwischen Planungssicherheit und Spontaneität ... 87
3.7 Kontrolle und Aufsicht – ungeliebt, aber notwendig ... 88
3.8 Kosten- und Leistungsrechnung – Aufgaben und Kosten im Blick ... 90
3.9 Sponsoring – Geschäfte auf Gegenseitigkeit ... 93
3.10 Sozialwirtschaftliches Dreieck – mehr als eine Kund/innenbeziehung ... 94
3.11 Ressourcen – mehr als Finanzen ... 95
3.12 Checkliste Finanzen ... 97

4. **Personal: Gewinnen, führen und halten** ... 99
4.1 Anreize und Incentives – mit Vorsicht zu genießen ... 99
4.2 Delegation – mehr als kontrolliertes Vertrauen ... 100
4.3 Ehrenamtliche führen – Freiwillige haben (auch) andere Motive ... 101
4.4 Einarbeitung neuer Mitarbeiter/innen – nicht dem Zufall überlassen ... 104
4.5 Erwartungen – können nie alle erfüllt werden ... 105
4.6 Gesundheitsmanagement – den nötigen Rahmen schaffen ... 105
4.7 Mitarbeiter/innen halten – Rezepte helfen nur bedingt ... 107
4.8 Mitarbeiter/innengespräch – Nähe, Wertschätzung und Orientierung ... 108
4.9 Motivation – fördern ... 110
4.10 Partizipation – mehr als reine Information und Mitsprache ... 111
4.11 Personalauswahl und -recruiting – entscheidende Weichenstellungen ... 113
4.12 Personalentwicklung – zum Nutzen von Person und Organisation ... 115
4.13 Personalführung – führt zu (nachhaltigen) Erfolgen ... 116
4.14 Teamdynamiken – sehen, verstehen und fördern ... 118
4.15 Trennung und Kündigung – bedeuten nicht Fallenlassen der Person ... 122
4.16 Vertrauen und Kontrolle – bedingen einander ... 124
4.17 Zeugnis – Aussagekraft nicht immer klar ... 125
4.18 Checkliste Personal ... 127

5. Sich selbst managen: Arbeitstechniken einüben ... 130

5.1 Analyse – genauer hinsehen und fragen ... 131

5.2 Arbeitsorganisation – sich selbst in den Griff bekommen ... 133

5.3 Arbeiten an sich selbst – Selbsterkenntnis ist der Anfang ... 134

5.4 Aufstieg mit Tücken – Wechsel vom Mitarbeitenden zur Führungskraft ... 135

5.5 Eigene Einarbeitung – nehmen Sie sich Zeit! ... 137

5.6 Erster Eindruck – und andere (Wahrnehmungs-)Verzerrungen ... 138

5.7 Fehler – zum Lernen nutzen ... 139

5.8 Fremd in der Organisation – als Führungskraft „von außen" ... 140

5.9 Prioritäten setzen – 1000 Aufgaben in eine Reihenfolge bringen ... 141

5.10 Stärken zur Führung nutzen – die eigenen und die der Mitarbeiter/innen ... 142

5.11 Unterstützung – lassen Sie sich helfen ... 144

5.12 Vorbild werden – ohne es zu wollen ... 144

5.13 Vorgänger/in – bleiben Sie das Original ... 145

5.14 Werte, Einstellungen und Haltungen – die eigene Orientierung ... 146

5.15 Zeitmanagement – Wesentliches fokussieren ... 146

5.16 Checkliste Selbstmanagement ... 148

Literaturverzeichnis ... 151

Stichwortverzeichnis ... 157

Abbildungsverzeichnis

Abbildung 1: Unterscheidung Leadership und Management 20

Abbildung 2: Aufgaben eines Sozialmanagements 22

Abbildung 3: Beobachtungs- und Entwicklungsbereiche Sozialer Hilfe 22

Abbildung 4: Organisationskulturen nach Handy 38

Abbildung 5: Qualitätsentwicklung im Diskurs 39

Abbildung 6: Übergreifende Handlungsmuster und entsprechende Methoden im Bereich von Qualitätsmanagement und -entwicklung 40

Abbildung 7: Beispiel für eine Stakeholder/innenanalyse 44

Abbildung 8: Erfordernisse von Veränderungsprozessen und mögliche Fehlentwicklungen 46

Abbildung 9: Fördernde und hindernde Aktivitäten für Change-Manager 47

Abbildung 10: Verschiedene Dimensionen bei Non-Profit-Organisationen 59

Abbildung 11: Eigenheiten und Eigendynamiken verschiedener Medien 71

Abbildung 12: Raster für ein Ergebnisprotokoll 73

Abbildung 13: Beispiel für eine Bilanz (ohne Zahlen) 80

Abbildung 14: Beispiel einer Gewinn- und Verlustrechnung (ohne Zahlen) 80

Abbildung 15: Gängige Bilanzkennzahlen 82

Abbildung 16: Arten der Kosten- und Leistungsrechnung 91

Abbildung 17: sozialwirtschaftliches Dreieck 94

Abbildung 18: Ressourcennutzung und -vergütung in einem Unternehmen 95

Abbildung 19: Verschiedene Teamarten und ihre Leistungsfähigkeit 119

Abbildung 20: Teamrollen nach Hoop 121

Abbildung 21: Vertrauensbildende und vertrauenszerstörende Maßnahme einer Führungskraft 125

Abbildung 22: Zeugnisformulierungen 126

Abbildung 23: Fragen zu einer ersten Analyse der Organisation/Einrichtung und der eigenen Aufgaben 133

Abbildung 24: Johari-Window 135

Abbildung 25: Stärken von Führungskräften ... und Mitarbeiter/innen 143

Einleitung: Aller Anfang ... prägt und setzt Zeichen

Aller Anfang ist schwer – oder ist es nach Hermann Hesse der Zauber des Anfangs? Die Wahrheit liegt wohl irgendwo zwischen Schwierigkeit und Leichtigkeit. Und: Jeder Anfang ist anders, daher helfen Tipps und Erfahrungen anderer nur bedingt. Gerade für Führungskräfte in der Sozialwirtschaft wie in jeder Dienstleistungsorganisation liegt der Schwerpunkt in den Beziehungen zu den Mitarbeiter/innen[1] aber auch zu den anvertrauten Personen der Einrichtung und zu vielfältigen Kooperationspartnern.

Jeder Anfang ist anders und meist bleiben die ersten Tage in einer neuen Aufgabe gut in Erinnerung – der Führungskraft selbst und allen anderen, nicht umsonst heißt es: „der erste Eindruck ist der bleibende" und dies gilt für alle Beteiligten. Erste Begegnungen bleiben im Gedächtnis, welche Handlungen auch immer getätigt werden, sie werden aufmerksam wahrgenommen, gedeutet und interpretiert. So sehr man sich auf eine neue Aufgabe freut, so sehr kann sie unter Stress setzen, auch ja keinen Fehler zu begehen, alles richtig zu machen, sich nicht zu blamieren. Ja, die ersten Tage einer Führungskraft sind wie ein Auftritt auf einer neuen Bühne. Aber, da die wenigsten die Kunst der Schauspielerei beherrschen, geht es bei diesem Auftritt nicht um die perfekte Performance, sondern darum, den Menschen kennenzulernen, der in der neuen Rolle, vor und in der Organisation steht. Da Rollen Verhaltenserwartungen sind, können diese immer auch bestätigt oder enttäuscht werden. Unmöglich können alle Erwartungen erfüllt werden. Es geht nicht darum „Everybody's Darling" zu sein, sondern in einer neuen Aufgabe Menschen und Ressourcen zu Zielen einer Organisation zu führen.

Neuen Führungskräften unterlaufen, wie allen anderen Menschen auch, Fehler, die sich nur zu einem Teil vermeiden lassen. Die gute Nachricht ist aber die: Aus diesen Fehlern kann man lernen und: Fehler machen menschlich und zeigen, dass die neue Führungskraft auch nur ein Mensch ist, auf den sich ohne Zweifel viele Hoffnungen und Befürchtungen projizieren. Es gibt eine Fülle von Tipps, Checklisten und Ideen für die ersten 100 Tage, für den Anfang als Führungskraft und zu ähnlichen Themen. Übrigens: Ob Sie als Ehrenamtliche/r führen oder Ehrenamtliche führen oder die hauptamtliche Perspektive haben: Manche Dinge sind anders, aber viele sind doch ähnlich.

Nachfolgend die (vermeintlich) häufigsten Fehler in den ersten 100 Tagen als Führungskraft:

- „Eine „Jetzt komme ich und ab heute wird alles anders"-Haltung
- Die zu starke Betonung der Chefrolle
- Alles selber machen
- Zu hohe Erwartungen an sich selbst und Perfektionismus
- Spannungen im Team persönlich nehmen

---

[1] In diesem Buch werden überwiegend alle Geschlechter angesprochen; verwendet wird dabei ein Trennstrich. Teilweise werden zur besseren Lesbarkeit abwechselnd männliche oder weibliche Formen genutzt. Immer aber sind alle Geschlechter gemeint. Wohlwissend, dass gerade im Bereich der Führungskräfte noch eine große Benachteiligung weiblicher Personen vorhanden ist. Wesentlich scheint mir aber auch eine gendergerechte Haltung und Einstellung zu sein, die über rein formale Schreibweisen hinausgeht – und dies im Besonderen auch im Zusammenhang mit der neuen Tätigkeit in Führungsposition.

- Fehlende Distanz zu den Mitarbeitern
- Sich für alles verantwortlich fühlen
- Konflikten ausweichen
- Mögliche Konkurrenten nicht einbinden
- Die Mitarbeiter in ihren Ängsten und Erwartungen nicht ernst nehmen
- Aus der Unerfahrenheit heraus Entscheidungen treffen, die später bereut werden" (Haufe-Akademie o. J., S. 7).

Dies klingt zunächst logisch und einfach, birgt aber eine Menge von Herausforderungen, die nachfolgend näherer Erläuterung bedürfen. Das Buch gliedert sich in einzelne Abschnitte, die die großen Aufgabenfelder einer Führungskraft beschreiben. Es kann ereignis- oder anlassbezogen oder auch durchgehend gelesen werden. Wie so oft überschneiden sich die einzelnen Bereiche oder aber die Themen sind eng miteinander verwoben, so dass eine Unterscheidung naturgemäß eine abstrakte und theoretisch ist.

Übrigens: Die 100 Tage, die so oft genannt werden, haben eine Historie, die Groner wie folgt beschreibt: „Diese Zeitspanne geht der Legende nach auf die ersten 100 Tage der Präsidentschaft von Franklin D. Roosevelt zurück. Als er seine erste Amtszeit 1932 antrat, musste er mit den enormen Folgen der Weltwirtschaftskrise der 1920er-Jahre umgehen. Aufgrund der großen Herausforderungen bat er die Presse deshalb, für den Zeitraum von 100 Tagen schonend mit ihm umzugehen, bis sich erste Auswirkungen seines „New Deal" zeigen konnten" (Groner o. J., S. 5).

Ob die 100 Tage in Ihrer Organisation ausreichen, oder Sie eine längere Zeit brauchen, damit eine Richtung erkennbar wird, das können Sie wahrscheinlich erst zu einem späteren Zeitpunkt im Rückblick beurteilen. Weniger sollten es auf keinen Fall sein. Ideal ist das, was dem Autor bei seiner ersten Leitungsstelle zugesichert wurde: „Sie haben Zeit, aber: die Richtung muss stimmen und erkennbar sein" – das meint: Setzen Sie sich selbst nicht zu sehr unter Druck. Das heißt aber auch: Sie bleiben gerade als Führungskraft immer auch jemanden oder einem Gremium gegenüber verantwortlich, für Ihr Handeln oder aber Ihr Nicht-Handeln. Führung und Leitung sind immer mit Verantwortung verbunden.

Und nicht vergessen: Von Ihnen wird selten Unmögliches verlangt, Sie sind und bleiben Mensch, es sind nicht alle der folgenden Punkte für jede Person und neue Führungssituation gleichermaßen wichtig. Aber spätestens nach dem Ende der Einarbeitungszeit sollten Sie zu allen hier genannten Punkten einen Überblick, eine Einschätzung bzw. eine vorläufige Meinung haben.

Der Untertitel des Buches „Ein Lotse für den eigenen Weg" beschreibt ein Bild, das als Motto für die folgenden Ausführungen gelten soll: Ein Lotse kennt Tücken, Untiefen und Schwierigkeiten und kann Tipps und Hinweise geben. Der Kapitän jedoch verantwortet und gestaltet seine Fahrt selbst. Und es wird der eigene Weg, der auf Erfahrenes aufbaut und neue Schritte unternimmt; damit werden Weichen für die Zukunft gestellt. Dieser Weg wird selten nur in eine Richtung gehen, sondern auch zu Irrwegen und Sackgassen führen, was sich meist erst später zeigt. Bei dem Weg ist es für die Führungskraft und für die Mitarbeitenden wichtig, ein Ziel vor Augen zu haben, das motiviert und Herausforderung zugleich ist. Das Bild der Weggemeinschaft, die sich gegenseitig stützt, ermutigt, hilft und stolz auf die gemeinsam zurückgelegte Strecke ist, kann dann auch für ein Team stehen, das sich auf neue Aufgaben freut.

Im Bereich des Sozial- und Gesundheitswesens sind es gerade die so genannten „weichen" Faktoren, die einen wesentlichen Anteil an Erfolgen und Ergebnissen haben. Dennoch dürfen die vermeintlich „harten" und messbaren Faktoren, wie etwa die Finanzen, nicht vernachlässigt werden. Foerster stellte in Bezug auf die Wissenschaften den Vergleich auf, der sicher auch im Sozial- und im Gesundheitswesen seine Berechtigung wiederfindet: „Die ‚hard sciences' sind erfolgreich, weil sie sich mit den ‚soft problems' beschäftigen; die ‚soft sciences' haben zu kämpfen, denn sie haben es mit den ‚hard problems' zu tun" (Foerster 2013, S. 161).

Nachfolgende Kapitel fassen wesentliche Bereiche der Führungstätigkeit zusammen, wobei die Zuordnung der Unterkapitel nicht überschneidungsfrei sein kann, da sich z. B. Bereiche aus der Personalführung auch mit Kommunikation beschäftigen oder zur engeren Führungsaufgabe gehören. Auch wird es je Größe und Zuschnitt einer Organisation ggf. auch andere Verantwortlichkeiten geben, so kann z. B. eine Qualitätsmanagementbeauftragte oder ein Pressesprecher die Führungskraft (zumindest im operativen Bereich) von diesen Aufgaben entlasten.

Porter, Lorsch und Nohria (vgl. 2004) nennen sieben Überraschungen, mit denen es neue Führungskräfte zu tun haben. Sie machen einerseits bescheiden, andererseits verdeutlichen sie, dass Führungskräfte einen Einfluss gerade auf die mittelfristige Ausrichtung der Organisation ausüben (müssen) und zugleich auch nur Teil eines Systems sind:

- Sie können die Organisation nicht allein leiten („You can't run the company"): Sie sind auf andere angewiesen!
- Autoritär Macht auszuüben kann teuer werden („Giving orders is very costly"): Druck erzeugt Gegendruck.
- Sie wissen nicht, was wirklich vorgeht („It is hard to know what is really going on"): Auch eine Führungskraft hat nicht alle Informationen und ist auf das Vertrauen der Mitarbeitenden angewiesen.
- Mit allem, was Sie sagen und tun, senden Sie eine Botschaft („You are always sending a message"): Alles ist interpretierbar und wird auch interpretiert.
- Sie sind nicht der Boss („You are not the boss"): Sie müssen sich auch gegenüber anderen verantworten.
- Die Kunden glücklich zu machen ist nicht das Organisationsziel („Pleasing shareholders is not the goal"): Es geht darum, langfristig Erfolge und Ergebnisse zu erzielen.
- Sie sind auch nur ein Mensch („You are still only human"): Als Mensch machen auch Sie Fehler und Sie brauchen auch ein Leben außerhalb Ihrer Organisation.

(vgl. Porter, Lorsch und Nohria 2004)

Im Folgenden wird von fünf wesentlichen Aufgabenbereichen einer neuen Führungskraft ausgegangen:

- Führungsaufgaben: Zwischen Chaos und Ordnung
- Kommunikation: Auf allen Ebenen
- Finanzen: Ressourcen immer im Blick haben

- Personal: Gewinnen, führen und halten
- Sich selbst managen: Arbeitstechniken einüben

Zum Gebrauch dieses Handbuches:

Auf den ersten Blick scheint Sie die Fülle der Themen zu „erschlagen". Wenn Sie, gerade in den ersten Tagen, Wichtigeres zu tun haben, als ganze Bücher zu lesen, lesen Sie die Kapitel oder Unterkapitel, die jetzt gerade am meisten für Sie von Bedeutung sind.

- Haben Sie Zeit und stehen Sie noch vor der neuen Aufgabe: Beginnen Sie mit dem Kapitel über Selbstmanagement!
- Sind Sie mittendrin in den ersten 100 Tagen: Starten Sie mit den Einführungen in den fünf Kapiteln!
- Gibt es Aufgaben, vor denen Sie viel Respekt haben, lesen Sie die entsprechenden (Unter-)Kapitel als erste!
- Haben Sie mit einzelnen Aufgaben (z. B. mit den Finanzen) (vermeintlich) nichts unmittelbar zu tun: Lesen Sie diese Kapitel auf jeden Fall, aber später!
- Suchen Sie Antworten auf ganz bestimmte Fragen: Nehmen Sie das Sachregister zu Hand!
- Wenn Sie vor „lauter Bäumen den Wald nicht sehen": Beginnen Sie mit dem Unterkapitel 5.9: Prioritäten setzen!

Die Querverweise und die Einteilung in die fünf wesentlichen Aufgabenbereiche sollen Ihnen die Orientierung erleichtern.

Wichtig in den ersten 100 Tagen ist es auch, Ihre ersten Ideen, Ziele und Herausforderungen zu notieren und sich Zeit zu nehmen, sich diese anzusehen, damit wichtige Ideen nicht im „Alltagstrubel" verloren gehen.

Als Arbeitshilfe steht Ihnen dazu am Schluss jedes Kapitels eine Checkliste zur Verfügung. Diese wollen keineswegs den Anspruch erheben, vollständig zu sein. Sie sollen vielmehr Anregungen geben, sich mit wesentlichen Themen zu beschäftigen und als Gedankenstützen dienen. Sie können aber auch zu wichtigen Fragen anleiten, um sich gerade am Anfang einen Überblick über die neue Organisation zu verschaffen und ein Bild zu gewinnen, wie die neue Organisation „tickt". Dabei gilt es, eher einen Blick der Neugierigkeit zu behalten und Hypothesen zu erstellen als (vorschnell) zu beurteilen oder zu bewerten.

Armin Schneider, im Januar 2021

1. Führungsaufgaben: Zwischen Chaos und Ordnung

Meist wird angenommen, dass Führungskräfte jeden Schritt ihres Tuns sorgfältig abwägen und dann vollkommen rational entscheiden. Die Realität ist oft eine andere: Führungskräfte zeichnen sich durch eine Fülle von Entscheidungen aus, die sie tagtäglich treffen müssen, ohne die Gewissheit zu haben, ob diese denn jeweils richtig sind. Mintzberg sieht das „Managen" in erster Linie als erfahrungsgestützte Praxis: „After years of seeking these Holy Grails, it is time to recognize that managing is neither a science nor a profession; it is practice, learned primarily through experience, and rooted in context" (Mintzberg 2011b, S. 9).

Führungsaufgaben

Es gibt eine ganze Reihe unterschiedlicher Führungsaufgaben. Sprenger (vgl. 2012, S. 50 ff.) beschreibt Führung als Weg zum Erfolg einer Organisation; dazu sind die Institution und das Individuum zu führen. Die wesentlichen Aufgaben sieht er in fünf Bereichen:

- *Zusammenarbeit organisieren:* Gemeinsame Probleme, gemeinsame Fundamente, Team als Ganzes, sich Kundenprobleme zu eigen machen, die Unterstützung anderer ist wichtig.
- *Transaktionskosten senken:* „Zielvereinbarungen entstammen einer Zeit planbarer, ruhiger Abschöpfungsmärkte" (ebd., S. 115), alles vermeiden, was Leitdifferenz Oben/Unten beliefert, interne Märkte eröffnet oder Bürokratie erhöht (vgl. ebd., S. 127), rechtfertigungsbefreite Zonen einrichten; Risikomündigkeit und Selbstvertrauen.
- *Konflikte entscheiden:* Gibt es richtige Entscheidungen? Widersprüche aushalten, am Kunden orientieren, Führungskraft als „Artist des Ungefähr".
- *Zukunftsfähigkeit sichern:* „Der Ursprung allen Scheiterns ist der Erfolg" (ebd., S. 188). Führung als Kunst der Unterbrechung: „Ohne die Erwartung einer gemeinsamen Zukunft gibt es keine Identifikation und kein Vertrauen" (ebd., S. 235).
- *Mitarbeiter führen:* „Finden Sie die Richtigen, fordern Sie sie heraus, sprechen Sie oft miteinander, vertrauen Sie ihnen, bezahlen Sie gut und fair und gehen Sie dann aus dem Weg" (ebd. S. 238).

Grün sieht Führungsaufgaben als Dienstfunktion: „Führen heißt vor allem, Leben in den Menschen wecken, Leben aus ihnen hervorlocken" (Grün 2002, S. 56). Arens beschreibt dies in ähnlicher Weise: „Deine Position macht dich zum „Vorgesetzten" – doch du bist „Minister", Diener, dein Amt ist ein Dienstamt" (Arens 2017, S. 61).

Besonderheiten im Gesundheits-, Sozialbereich

Die Besonderheiten der Führung im Gesundheits- und Sozialbereich zeigen sich daran, dass Dienstleistungen in diesem Feld in stärkerem Maße als in anderen Feldern von einem ethischen und sozialpolitischen Anspruch geprägt sind, so dass es nicht allein darum gehen kann, dieses Feld zu managen oder zu führen, sondern das „Wie" hier eine entscheidende Größe ist und bleibt. In diesem Sinne geht es sowohl um das „soziale Managen" (Wie) als auch um das „Soziale managen" (Was) (vgl. Schneider 2010, S. 8).

1.1 Digital Leadership – Ersatz oder Ergänzung?

Sanfte Digitalisierung

Manch eine neue Führungskraft wird viele Entscheidungs- und Kommunikationswege in der neuen Organisation als überaltert oder antiquiert erleben und auf neue Formen der Führung mittels digitaler Tools setzen, nicht umsonst nehmen die Fort- und Weiterbildungsangebote zu digitalen Formen der Führung zu. Auch hier gilt: zunächst sorgsam analysieren und prüfen, ob und wie digitale Elemente (durchaus auch im Sinne einer Nachhaltigkeit, z. B. Reduzierung von Reisekosten) sinnvoll genutzt werden können. Lange und Santarius bezeichnen dies als eine sanfte Digitalisierung, die Maß nimmt sowohl an einem nachhaltigen Beitrag zur Lösung gesellschaftlicher Herausforderungen als auch die Bedürfnisse der Menschen berücksichtigt, nur so könne die Umwelt entlastet, Mut gemacht und sozialer Zusammenhalt gestärkt werden (vgl. Lange und Santarius 2018, S. 203).

Digitale Tools erleichtern ohne Zweifel den Alltag, können aber nur begrenzt, wie alle anderen Medien auch, persönliche Präsenz und Begegnung ersetzen. So gesehen ist „digital Leadership" eine Möglichkeit der Führung mit Hilfe digitaler Medien. Dabei muss bedacht werden, dass jedes Medium eine eigene Gesetzlichkeit, eigene Grenzen und Schranken hat. Diese sind nicht immer förderlich für die bei der Führung wichtigen Kommunikation (ein Telefonat begrenzt die Kommunikation auf die Stimme, eine Videokonferenz fokussiert das Bild, bei beiden Formen werden Teile der Kommunikation ausgeklammert).

Prinzipien des Führens auf Distanz

Belker (2020) sieht für das Führen auf Distanz sieben wichtige Prinzipien:

- *„Nähe erzeugen":* Versuchen Sie eine Nähe zu jedem, jeder Mitarbeiter/in herzustellen trotz bzw. in der Distanz.
- *„Technik beherrschen":* Als einladende Person sollten Sie die Technik (der Telefon- bzw. Videokonferenz und der entsprechenden Anwendungen) bestens beherrschen.
- *„Meeting Prinzipien anpassen":* virtuelle Meetings bedürfen einer anderen Struktur und eigenen Regeln (z. B. „Bedürfnispausen", Dauer, Teilnehmendenanzahl, Regeln, Umgang mit Störungen).
- *„Kommunikations-Set-Up beachten":* Wie werden die einzelnen Anwendungen und Tools genutzt und eingesetzt?
- *„Kommunikation nach dem Zweck strukturieren („Rhythmisierung"):* Wie lassen sich die Personen aktivieren? Wie sind Beratungen, Abstimmungen und Informationsweitergabe zu ermöglichen?
- *„home OFFICE statt HOME office":* Die Ausstattung im Homeoffice ist ebenso wichtig wie Regelungen zur Arbeitszeit, zur Erreichbarkeit und zu einer Kultur, die Leistung fördert und Selbstausbeutung vermeidet.
- *„Ein Meeting auf Distanz ist nicht weniger wert als ein physisches Meeting":* Ein Meeting auf Distanz folgt anderen Gesetzmäßigkeiten und hat Vor- und Nachteile.

Oft werden bei digitalen Formen der Steuerung Indikatoren und Zahlen eingesetzt, zu nennen sind hier beispielsweise Kennzahlen über Abwesenheitstage, online-Zeiten, Beratungstage oder durchgeführte Operationen. Durch solche Zahlen werden Entscheidungen vorbereitet. Meist wird übersehen, dass Kennzahlen nur einen Teil der Wirklichkeit erfassen. Ein durchschnittlicher Wert an Krankheitstagen kann unterschiedliche Ursachen haben, er kann auf ein schlechtes Arbeitsklima hinweisen, kann aber auch durch einige Langzeiterkrankungen weniger Personen verursacht werden. „Quantitative Daten sind für das politische Programm der Ökonomisierung überaus nützlich, denn sie ermöglichen Formen der nichthierarchischen Steuerung. Indikatoren funktionieren nicht aufgrund direkter Eingriffe oder Anweisungen von Vorgesetzten, sondern als „Fernsteuerung" mittels der Verfügung über ein bestimmtes Set an Informationen, das Soll-Ist-Vergleiche oder Leistungskurven abzubilden vermag" (Mau 2017, S. 44). Formen der indirekten Steuerung haben aber auch ihre Tücken, weil sie möglicherweise wichtige Fakten nicht berücksichtigen oder einfach übersehen.

Digitale Transformation

Digitale Führung wird oft zusammengebracht mit der digitalen Transformation in vielen Wirtschafts- und Lebensbereichen. Schlagworte, die mit digitaler Führung in Verbindung gebracht werden, sind selbständige Teams, Partizipation, begrenzte Steuerungsmöglichkeiten, indirekte Führung, Selbstorganisation. Ob und wie diese Transformation tatsächlich zu den durchaus wünschenswerten Folgen führt und unter welchen individuellen und sozialen Kosten oder Nebenwirkungen, vor allem mittel- und langfristig, ist bisher weitgehend unerforscht. Führung ist immer auf Kommunikation und Entscheidungsspielräume angewiesen, die sich nicht digitalisieren lassen, daher ist eine Führung mit Kommunikationsformen zwischen Menschen erforderlich. Wendt macht dies anhand verschiedener Logiken deutlich: „Eine zeitgemäße Führungspraxis im Digitalzeitalter setzt deshalb bewusst auf verbleibende kommunikative Spielräume, denn Lösungs- und Entscheidungsfindung in Organisationen folgen keiner rechenhaften Logik: Sie sind und bleiben unberechenbar und leben von einer Praxis, die aufgrund ihrer Intransparenz nicht im linear-kausalen Sinn zu steuern ist" (Wendt 2020, S. 25).

Power, Präsenz, Wärme

In der Shutdown-Zeit in Sachen Corona-Pandemie[2] konnten 2020 viele die Erfahrung machen, dass nicht alles digitalisiert werden kann und auch dieses Format die Art der Führung bestimmt. Das „Schwätzchen" zwischendurch im Büro, der Smalltalk, die zufällige Begegnung blieben auf der Strecke und können nur teilweise durch neue Formen der virtuellen Sprechstunde oder der Telefon- oder Videokonferenzen ersetzt werden. Digitale Führung ist möglich, bedarf aber wie die analoge Führung vor allem Kommunikation, Möglichkeiten des formalen und informellen Austausches und der Ergänzung durch analoge Formen.

Jenewein nennt als wichtige Elemente eines „Remote Leadership" durch Medien gerade die drei Stichworte, die in anderer Form durch die mediale Distanz wichtig für Führungskräfte sind: Power, Präsenz und Wärme: „Power haben Vorgesetzte, die handeln und damit auch etwas bewegen. Präsenz zeigen sie, indem sie Ruhe ausstrahlen, im Hier und Jetzt sind und konsequent moderieren nach der Devise: ‚Ich habe diese Videokonferenz einberufen, ich bin jetzt für euch hier. Alles andere – Kinder, Küche, Telefonanrufe – sind jetzt nicht so wichtig'. Das ist eine wertschätzende Haltung den Mitarbeitern gegenüber. Mit Wärme zeigen sie ihr Mitgefühl, ihre Fürsorge" (Jenewein 2020,

[2] Die offizielle Bezeichnung der Erkrankung durch das neuartige Coronavirus Sars-CoV-2 lautet Covid-19, dennoch wird im allgemeinen Sprachgebrauch von Corona gesprochen, dieser allgemeine Sprachgebrauch wurde auch hier übernommen, wohl wissend, dass Corona im weiteren Sinne eine Bezeichnung für eine ganze Familie von RNA-Viren ist, die u. a. Erkältungssymptome verursachen.

S. 34). Die Herausforderung auch hier ist: diese wichtigen Aspekte der Führung auch in digitale Formen zu übersetzen.

Beziehungsstärkung in Videokonferenzen

Ganz praktisch nennt Harnacke dazu einige Tipps zur Beziehungsstärkung vor allem für Videokonferenzen:

- „Immer alle Kameras anstellen, denn in der Präsenzklausur sitzen Sie ja auch nicht mit geschlossenen Augen!
- Nutzen Sie die Medien, die auch in analogen Meetings verwendet wurden/werden (Flipchart, etc.).
- Und: Sie haben sogar einen Vorteil im digitalen Führungsraum. Schauen Sie oft und viel in die Kamera. Dann sehen Sie allen gleichzeitig in die Augen. Probieren Sie das mal analog hinzubekommen!" (Harnacke 2020).

Als Arbeitsprinzipien nennt er:

- Orientierung (z. B. Themen, Methoden und Zeiten vereinbaren),
- Ritualisierung (z. B. wiederkehrende Elemente wie Pausen, Protokoll- und Anfangsrituale) und
- Aktivierung (z. B. Rollen verteilen, Reflexion, Mitwirken durch Abstimmungen, Chat) (vgl. a. a. O.).

Netzwerk ≠ Gemeinschaft

Und bedenken Sie: Digitale Netzwerke sind nicht (immer) mit Gemeinschaften gleichzusetzen. Mintzberg beschreibt den Unterschied eindrucksvoll: „Wenn Sie wissen wollen, was ein Netzwerk von einer Gemeinschaft unterscheidet, dann bitten Sie doch Ihre Facebook-Freunde, Ihnen zu helfen, Ihr Haus zu streichen. Netzwerke vernetzen. Gemeinschaften kümmern sich" (Mintzberg 2019, S. 46). Gerade im Arbeitskontext sind auch die sozialen Bezüge zwischen Mitarbeitenden untereinander und mit Führungskräften wichtig und tragen im Idealfall auch einen gewichtigen Beitrag zu den Ergebnissen einer Organisation bei.

1.2 Ehrenamtlich führen – gelingt nicht „nebenbei"

Wenn Sie hauptberuflich eine andere Position innehaben (in der Gesundheits- oder Sozialwirtschaft oder in einem ganz anderen Bereich) und sich in einem freiwilligen oder ehrenamtlichen Amt mit der Führung einer Organisation beschäftigen, so mag dies „nebenbei" sein, ist aber im Prinzip ähnlichen Regeln unterworfen wie das Führen im Hauptamt. Der Zeitfaktor (→ 5.15 Zeitmanagement) ist hier jedoch knapper und die Möglichkeiten der Präsenz sind ebenfalls begrenzt. Oft haben Sie es mit hochkompetenten Fachkräften zu tun, die andere Berufskarrieren gehen oder gegangen sind als Sie. Ehrenamtliche Leitungs- und Vorstandstätigkeiten werden von über einem Viertel aller freiwillig tätigen Personen ausgeführt (27,5 %; 1999 waren es noch 38 %; vgl. Hagen und Simonson 2017, S. 316).

Typisch im Sozial- und Gesundheitswesen

In den Feldern des Sozial- und Gesundheitswesens sind ehrenamtliche Leitungs- und Vorstandstätigkeiten weit verbreitet; hier deren Anteil an den jeweiligen freiwillig tätigen Personen in den jeweiligen Arbeitsfeldern:

- Außerschulische Jugendarbeit/Bildungsarbeit: 33,4 %
- Sozialer Bereich: 25,1 %

- Kirchlicher oder religiöser Bereich: 23,9 %
- Schule oder Kindergarten: 18,8 %
- Gesundheitsbereich: 11,8 %

(vgl. Hagen und Simonson 2017, S. 317).

Diese Tätigkeiten in Vorständen sind nicht alle direkte Leitungsfunktionen, die mit Personalverantwortung einhergehen. Dennoch können sie entweder als wesentliche Bestandteile in den hier besprochenen Arbeitsfeldern gesehen werden oder aber als wichtiges Lern- und Erfahrungsfeld für eine Führungs- und Leitungsqualifikation. Qualifizierung für und durch die ehrenamtliche Arbeit ist hier bedeutsam; bei 22,6 % der Aufgaben ist eine Qualifikation erforderlich, im Gesundheitsbereich bei 40,9 %, im Sozialbereich bei 21,4 % (vgl. Simonson und Romeu Gordo 2017, S. 359 und 361) und lebensbiographisch gerade für jüngere Engagierte sehr wichtig (für 84,6 % sind die im freiwilligen Engagement erworbenen Fähigkeiten nützlich für Schule, Studium und Ausbildung, vgl. a. a. O., S. 371).

Checkliste: Ehrenamtlicher Führung

Bei der ehrenamtlichen Führung ist besonders zu beachten:

- Klären Sie Zuständigkeiten und Kompetenzen, vor allem zwischen Haupt- und Ehrenamt. Ziel dabei sollte eine Aufteilung sein, die die Vorteile beider Rollen optimal zur Geltung bringt und Orientierung für alle Beteiligten bietet.
- Gehen Sie davon aus, dass andere (ehrenamtliche wie hauptamtliche) Mitarbeiter/innen vieles besser können als Sie und würdigen Sie dies entsprechend.
- Als Führungskraft haben Sie – trotz Ehrenamt – die volle Verantwortung und müssen dies auch erkennbar werden lassen.
- Richten Sie von Anfang an verlässliche Zeiten, Kommunikationswege und feste Besprechungsmöglichkeiten ein.
- Überlegen Sie auch, was Sie unbedingt selbst machen müssen und welche Aufgaben von anderen anders und besser zu erledigen sind (→ 4.2 Delegation).
- Leitungskompetenzen und -qualifikationen sind auch im Ehrenamt hilfreich, es lohnt sich hier die von vielen Verbänden angebotenen Fort- und Weiterbildungen zu nutzen.
- Nutzen Sie die Führungstätigkeit, um sich selbst weiterzuentwickeln (→ 5.10 Stärken zur Führung nutzen).
- Sofern Sie „fachfremd" im Ehrenamt tätig sind, sollten Sie sich mit den Besonderheiten der Organisation vertraut machen.
- Gerade für Ämter in Vorständen und Aufsichtsräten sind (vor der Tätigkeit) Fragen der Verantwortlichkeit, der Haftung und der Zuständigkeiten zu klären (→ 3.7 Kontrolle und Aufsicht).
- Sorgen Sie für sich selbst und schaffen Sie in Ihrem Alltag Freiräume und echte Freie Zeiten.

1.3 Entscheidungen – betreffen immer eine ungewisse Zukunft

Alternativen entscheiden

Entscheidungen sind stets mit einer Ungewissheit verbunden, da sie es mit einer nicht vorhersagbaren Zukunft zu tun haben. Daher sollten Entscheidungen immer sorgfältig überlegt werden. Und ja: Entscheidungen sind auch „Scheidungen", d. h. Absagen an andere Alternativen. Falsch wäre es jedoch, Entscheidungen als „alternativlos" darzustellen, denn dann wären die Entscheidungen keine Entscheidungen mehr. „Nur *die* Fragen, die im Prinzip unentscheidbar sind, können *wir* entscheiden. Warum? Einfach weil die entscheidenden Fragen schon entschieden werden durch die Wahl des Rahmens, in dem sie gestellt werden, und durch die Wahl von Regeln, wie das, was wir ‚die Frage' nennen, mit dem, was wir als ‚Antwort' zulassen, verbunden wird." (von Foerster/Ollrogge 1993: S. 73). Ein einfaches Beispiel: Ob es regnet oder nicht, liegt nicht in unserer Entscheidung, ob wir aber einen Regenschirm mitnehmen oder nicht, liegt in unserer Entscheidung, d. h. es gibt hier mindestens eine Alternative.

Unternehmen und Organisationen können, wenn man Sprenger folgt, als Kommunikation von Entscheidungen beschrieben werden: „Eine Entscheidung kommuniziert dabei immer mehrerlei: 1. *dass* entschieden wurde, 2. *was* entschieden wurde, 3. *wer* entschieden hat und 4. *wogegen* entschieden wurde" (Sprenger 2012, S. 158).

Effektiver Entscheidungsprozess

Drucker sieht fünf Elemente für einen effektiven Entscheidungsprozess:

- Das klare Bewusstsein, dass ein Problem nur durch eine Entscheidung gelöst werden kann, die eine Regel oder ein Prinzip etabliert.
- Die Definition der Bedingungen und Spezifität, mit der eine Entscheidung auf das vorhandene Problem „antwortet".
- Das Bewusstsein, dass die Entscheidung passt und geeignet ist, bevor überlegt wird, wie die Entscheidung durch Anpassungen, Zugeständnisse und Kompromisse akzeptabel gemacht wird.
- Die sorgfältige Planung zur Umsetzung der Entscheidung.
- Die Rückmeldung, die die Güte und Wirksamkeit der Entscheidung gegenüber den tatsächlichen Entwicklungen der Ereignisse prüft (vgl. Drucker 2006, S. 122 f.).

Drucker vergleicht Entscheidungen mit Operationen: „Every decision is like surgery. It is an intervention into a system and therefore carries with it the risk of shock. One does not make unnecessary decisions any more than a good surgeon does unnecessary surgery" (Drucker 2006, S. 155).

Eine bedeutsame Grundlage für Entscheidungen ist das Urteilsvermögen als „[...] die Fähigkeit, persönliche Kompetenzen mit einschlägigen Kenntnissen und Erfahrungen zu verknüpfen, um sich eine Meinung zu bilden und Entscheidungen treffen zu können" (Likierman 2020, S. 20).

Führen in Ausnahmesituationen

Gerade in Krisensituationen, besonderen Herausforderungen und unter Druck, wie z. B. in der Anfangsphase der Corona-Pandemie, sind Urteilsvermögen und Entscheidungsfähigkeit von Führungskräften gefragt (→ 1.4.2 Führung in Krisen).

Wie die Corona-Krise gelehrt hat, sind solche Ausnahmesituationen unvorhersehbar und können gerade bei neuen Führungskräften zu der Notwendigkeit von Entscheidungen auf sehr unsicherem Terrain führen. Hier Orientierung zu finden ist nicht einfach und nicht jede Person ist zum „Notfallmanager" oder zur „Notfallmanagerin" geboren. Ein Mindestmaß an Vorbereitung scheint aber für alle von Bedeutung zu sein, um außergewöhnliche Situationen adäquat zu meistern. Wesentliche Elemente aus dem Projektmanagement als Art eines auf eine ungewisse Zukunft gerichteten Rasters von handhabbaren Schritten (z. B. Risikoplanung, Meilensteine, Interdisziplinarität, Projektgruppen, Arbeitspakete) scheinen gerade hier sinnvoll und hilfreich zu sein.

Ratio entscheidet nicht immer

Es wäre aber falsch, alle Entscheidungen als rational darzustellen, denn viele Entscheidungen, gerade auch von Führungskräften, werden irgendwie getroffen, dann aber vielleicht noch rational begründet. Das hat jedoch nichts mit Willkür oder Absicht zu tun, sondern ist ganz klar auch hirnorganisch bzw. psychologisch begründbar. Kahnemann beschreibt zwei kognitive Systeme, die dabei eine Rolle spielen:

- „*System 1* arbeitet automatisch und schnell, weitgehend mühelos und ohne willentliche Steuerung.
- *System 2* lenkt die Aufmerksamkeit auf die anstrengenden mentalen Aktivitäten, die auf sie angewiesen sind, darunter auch komplexe Berechnungen. Die Operationen von System 2 gehen oftmals mit dem subjektiven Erleben von Handlungsmache, Entscheidungsfreiheit und Konzentration einher" (Kahnemann 2012, S. 33).

Bei Entscheidungen, und das lässt sich auch anhand vieler alltäglicher Entscheidungen beobachten, spielen beide Systeme eine Rolle, nicht immer ist das rationale System (bei Kahnemann System 2) ausschlaggebend für eine Entscheidung und oft nur in Teilen beteiligt. Eine weitere Beobachtung ist die folgende: „Je größer die Auswahl, umso wahrscheinlicher bedienen sich Menschen vereinfachender Strategien" (Thaler und Sunstein 2017, S. 138). Das bedeutet, dass Menschen bestrebt sind, Komplexität zu reduzieren.

Diese Einschränkungen und Phänomene gelten für Entscheidungen von einzelnen Personen ebenso wie für Entscheidungen ganzer Gruppen, wobei dort noch gruppendynamische Prozesse hinzukommen. Entscheidungen in Organisationen haben es also mit diesen Besonderheiten des Menschseins zu tun, mit der Dynamik und Eigenheit von sozialen Systemen und mit der Komplexität von Situationen (vgl. Göbel 2014, S. 216 ff.).

Eine Begrenzung liegt allein schon in der Tatsache, dass viele Themen gleichzeitig auftauchen und nicht alle Entscheidungen mit der gebotenen Gründlichkeit vorbereitet werden können: „Man konzentriert sich auf bestimmte Entscheidungen und vernachlässigt andere. Unbewusst läuft eine solche Fokussierung bei der selektiven Wahrnehmung ab. Man sieht, was man zu sehen erwartet und zu sehen wünscht, und blendet das Unerwartete und Unerwünschte aus" (Göbel 2014, S. 216).

Grundsätze einer Entscheidungsarchitektur

Diesen Mechanismen sollten sich gerade neue Führungskräfte bewusst sein, um keine übermenschlichen Fähigkeiten von sich und anderen abzuverlangen. Es bleibt dabei, dass Entscheidungen ungewiss sind und prinzipiell auch korrigiert werden müssen. Um diese Schwierigkeit von Entscheidungen zu meistern, empfiehlt Göbel einige Grundsätze für eine Entscheidungsarchitektur:

- „Halte es stabil"
- „Halte es einfach"
- „Vermeide Unsicherheit"

- „Baue Puffer ein"
- „Nutze Selbstbindung"
- „Suche gezielt nach Informationen"
- „Lerne aus Erfahrung"
- „Gestalte Anreize"
- „Erzeuge Loyalität"
- „Realisiere Kooperationsgewinne"
- „Wähle kluge Standards"
- „Delegiere Entscheidungen"
- „Ermögliche Wandel"
- „Verfolge angemessene Ziele" (Göbel 2014, S. 220 ff.).

1.4 Führung oder Management? – in der Organisation und darüber hinaus

Leader vs. Manager

Die Begriffe Führung (Leadership) und Management liegen dicht beieinander. Wurde in der Vergangenheit oft von Management als Überbegriff gesprochen, so wird in den letzten Jahren eher eine Differenzierung zwischen Management und Führung vorgenommen. Im Englischen geht es bei Leadership um einen Weg, eine Richtung, beim Management (von lateinisch „manus" für die Hand) um das Handeln – ursprünglich mit dem Schwert oder mit dem Pferd. Allgemein kann bei Führung eher von einer emotionalen Komponente, bei Management eher von einer rationalen Komponente gesprochen werden.

Die folgende Übersicht zeigt eine Differenzierung zwischen den beiden Begrifflichkeiten auf:

Leadership/Führung	Management
Regeln setzen	Regeln anwenden
Eher emotional	Eher rational
Im Fokus steht die Persönlichkeit	Im Fokus stehen Methoden
Eher normativ	Eher strategisch
Die richtigen Dinge tun	Die Dinge richtig tun
Transformation: Erfolg jenseits des Standards simulieren	Transaktionalität: Austausch zwischen Manager und Belegschaft
Bild: Schäfer bei einer Schafherde	Bild: Hund bei einer Schafherde

Abbildung 1: Unterscheidung Leadership und Management (eigene Darstellung)

Natürlich sind „Schnittmengen" zwischen den beiden Begriffen vorhanden und es handelt sich um eine eher theoretische Unterscheidung. Mintzberg etwa sieht eine engere Verbindung: „Führung kann Management nicht einfach delegieren; anstatt zwischen

Management und Führung zu unterscheiden, sollten wir im Manager die Führungspersönlichkeit erkennen und Führung als gut praktiziertes Management begreifen" (Mintzberg 2011a, S. 22). Es scheint jedoch sinnvoll, sich stets zu überlegen: Bin ich entsprechend der Zielsetzung meiner Stelle eher stärker in Sachen Leadership oder im Management unterwegs? Eine höhere Gestaltungsmöglichkeit kann nach den genannten Unterscheidungsmöglichkeiten der Führungskraft zugestanden werden.

Vom Manager zum Leader

Watkins (2012, S. 64–72) hat die Unterschiede als Entwicklung „from Manager to Leader" mit sieben bedeutenden Veränderungen gekennzeichnet:

- from problem solver to agenda setter: vom Problemlösenden zum Gestaltenden der Tagesordnung.
- from warrior to diplomat: vom Kämpfenden zum Diplomaten/zur Diplomatin.
- from supporting cast member to lead role: vom unterstützenden Gruppenmitglied zur Führungsrolle.
- from bricklayer to architect: vom Maurer/von der Maurerin zum Architekten/zur Architektin.
- from tactician to strategist: vom Taktierenden zum Strategen/zur Strategin.
- from analyst to integrator: vom Analysten/von der Analystin zum Integrator/zur Integratorin.
- From specialist to generalist: vom Spezialisten/von der Spezialistin zum Generalisten/zur Generalistin.

(→ 4.13 Personalführung).

Führungsaufgaben

Erfolgssicherung

Sprenger definiert den Zweck der Führung allein durch den Erfolg: „Die konzentrierteste Antwort lautet: das Überleben des Unternehmens zu sichern. Ein Unternehmen strebt – wie alle anderen sozialen Systeme – nach Selbsterhaltung. Es geht vorrangig darum, weiter zu existieren, weiter ‚mitspielen' zu dürfen. Und dafür sollen Führungskräfte – Sie! – einen Beitrag leisten" (Sprenger 2012, S. 18).

Wirksamkeit

In eine ähnliche Richtung geht Malik, er stellt die Wirksamkeit in den Mittelpunkt und sieht die Führungskraft zugleich als gewöhnlichen Menschen: „Nicht: *Was ist die **ideale** Führungskraft?* sollte gefragt werden, sondern: *Was ist eine **wirksame** Führungskraft?* Diese Fragestellung ist *radikal* von der ersten verschieden. Ihr Ausgangspunkt ist nicht das Genie, sondern der *gewöhnliche* Mensch – weil es andere nicht gibt, auch wenn es gelegentlich solche geben mag, denen es schwerfällt, das zuzugeben" (Malik 2006, S. 36).

Kernaufgaben von Führung

Sprenger nennt fünf Kernaufgaben von Führung (2012, S. 6–8, siehe Kapiteleinleitung [Seite einfügen!]):

- „Zusammenarbeit organisieren"
- „Transaktionskosten senken"
- „Konflikte entscheiden"

- „Zukunftsfähigkeit sichern"
- „Mitarbeiter führen".

Dienstfunktion des Sozialmanagements

Beim Managen in Gesundheits- und Sozialorganisationen steht nicht nur die Funktion des Managens der Einrichtung im Vordergrund, sondern das Managen hat (hier wie auch allgemein) eine Dienstfunktion in Richtung der Zielsetzung der jeweiligen Organisation. So muss beispielsweise das Management eines Krankenhauses dafür sorgen, dass die Kernaufgabe des Krankenhauses, (allgemein) zur Gesundung des Menschen beizutragen, durch sein Zutun besser gelingen kann. Gleichzeitig muss das Management Einfluss auf die Struktur und die Rahmenbedingungen ausüben sowie mit anderen Versorgungssystemen kooperieren.

Bürgisser hat dies in seinem Modell des Sozialmanagements deutlich gemacht:

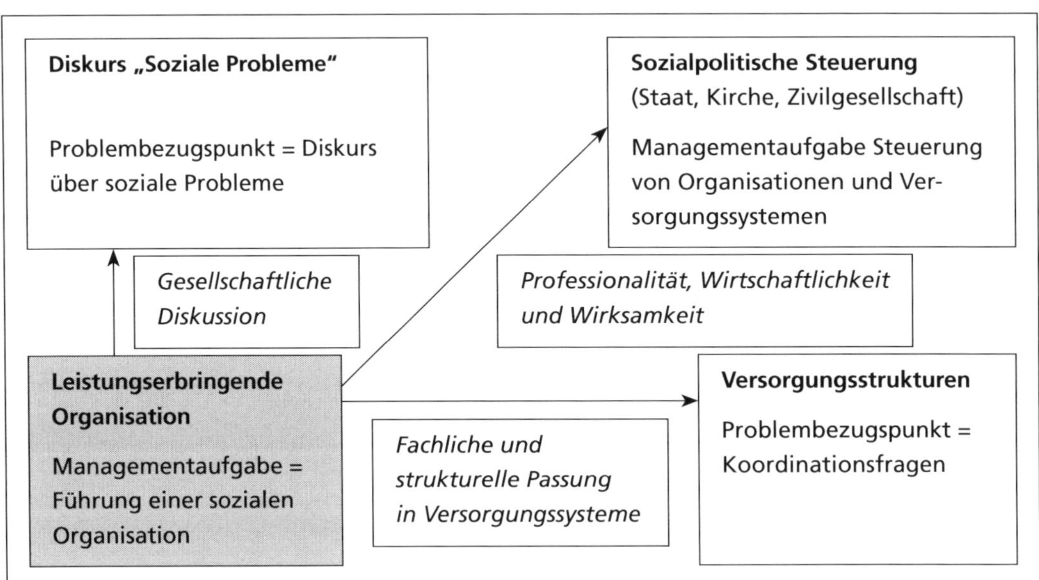

Abbildung 2: Aufgaben eines Sozialmanagements (vgl. Bürgisser 2009)

Systemtheoretisch lässt sich dieses Modell wie folgt beschreiben:

	Problembezüge (Funktion)	**Strukturierung (Struktur)**
Rahmenbedingungen (Umwelt)	*Soziale Probleme*	*Sozialpolitische Steuerung*
Leistungen und Strukturen (System)	*Professionelle Leistungen*	*Versorgungssysteme*

Abbildung 3: Beobachtungs- und Entwicklungsbereiche Sozialer Hilfe (vgl. Bürgisser 2008)

Von der „eigentlichen" Managementaufgabe ausgehend, muss sich diese durch die (bessere) Antwort auf die sozialen Probleme (nicht nur) gesellschaftlich legitimieren. Gegenüber der sozialpolitischen Steuerung geht es um den Nachweis u. a. von Wirksamkeit, aber auch darum, die Erkenntnisse und Bedarfe aus der Arbeit zu artikulieren und hier Einfluss zu nehmen auf Rahmenbedingungen. Schließlich muss Management auch dafür sorgen, sich in Versorgungsstrukturen und -systeme einzubringen oder einbinden zu lassen.

Außenpolitik

Dies macht deutlich, dass sich eine (neue) Führungskraft nicht nur auf die „Innenpolitik" im eigenen Hause und die dortige Führung reduzieren kann. Sie muss sich zudem auch um den Diskurs sozialer Probleme, um die Steuerung im Feld der Sozial- und Gesundheitspolitik und um den Kontakt zu Kooperations- und Netzwerkpartner/innen sorgen. Schon hier wird deutlich, dass die alleinige Kenntnis und Kompetenz zur Steuerung einer Organisation für die Leitung und Steuerung nicht ausreicht und (zumindest) einer Ergänzung bedarf durch Feldkenntnisse, Einflussstrategien und Vernetzungs- und Koordinationsfähigkeiten – die Führungskraft muss also auch „Außenpolitiker" sein.

Netzwerke als Beziehungskapital

Für das Management sind Netzwerke von besonderer Bedeutung, da sie Sozialkapital bilden und damit eine wichtige Ressource. Schubert unterscheidet zwischen lebensweltlichen und organisierten Netzwerken. Erstere sind in persönlichen Beziehungen gewachsen, letztere über professionelle Kooperationen gestaltet (vgl. Schubert 2018, S. 7). Die Bedeutung der Kommunikation in der Definition eines Netzwerkes wird bei Schubert erkennbar: „Die *kleinste Einheit* eines Netzwerkes repräsentiert die *Beziehung zwischen zwei Personen* – ein Netzwerk setzt sich quasi aus einer Vielzahl solcher Zweierbeziehungen zusammen" (Schubert 2018, S. 6). Strategien für den Aufbau organisierter Netzwerke sind:

- Bündelung von Interessen,
- Informationsaustausch und -übertragung,
- Zusammenwirken in einem Dienstleistungsnetzwerk und
- Überbrückung struktureller Löcher (vgl. Schubert 2018, S. 70).

In diesem Sinne sollte eine neuen Führungskraft die Aufgaben zur Gestaltung von Netzwerken gerade am Anfang in den Blick nehmen. Neben materiellen und personellen Ressourcen ist auch diese Form des „Beziehungskapitals" und deren Gestaltung und Management eine wichtige Ressource zur Gestaltung der Organisation.

Checkliste: Netzwerkaufbau

Wichtige Fragen im Sinne der oben genannten Punkte sind dabei:

- *Wer hat ähnliche, sich ergänzende oder widersprechende Interessen?*
  Je nach Antwort sind hier verschiedene Strategien erforderlich: sich zusammenschließen, Kooperationen vereinbaren, in die Auseinandersetzung oder den Diskurs gehen. Gerade an dieser Stelle ist es wichtig, ein klares Bild von der eigenen Organisation, ihrer Mission und Vision zu haben. Daher werden sich die Erstkontakte eher auf das „Hören" beschränken, um die Kontakte im zweiten Schritt auszuwerten und auf ihre Bedeutung für die eigene Organisation zu bewerten. Einerseits werden Sie hier auf (liebgewordene) Traditionen stoßen, andererseits neue Türen öffnen.

- *Welche Informationen benötige ich, welche kann ich preisgeben?*
  Informationen sind so wichtig wie Beziehungen. Generell sind in der Kooperation mit anderen Organisationen ein Geben und Nehmen wichtig für gedeihliche Beziehungen. Wenn Ihre Informationen nur ausgenutzt werden, die von der anderen Seite eher belanglos sind, wird dies auf Dauer genauso schädlich sein wie im umgekehrten Fall. Eine gewisse Vorleistung Ihrerseits kann Vertrauen bilden, aber wie bei jeder Beziehung benötigt Vertrauen Zeit und gemeinsame Erfahrungen.

- *Wo können und sollen wir zusammenarbeiten?*
  Um die o. g. gemeinsamen Erfahrungen zu stärken, bedarf es des Zusammenwirkens in konkreten Formen, sei dies ein bestehender oder noch zu entwickelnder Arbeitskreis, die Zusammenarbeit in einem Projekt oder die Kooperation bei einem gemeinsamen Antrag.
- *Wo sind Lücken in der Versorgung, im Angebot, wo gibt es strukturelle Defizite?*
  In den ersten Gesprächen werden wahrscheinlich noch nicht alle Lücken deutlich, oft stehen aktuelle Themen und Probleme im Vordergrund. Mit einer gewissen Distanz zu den einzelnen Gesprächen fällt es Ihnen als Neue oder Neuer wahrscheinlich sehr leicht, blinde Flecken, Tabubereiche oder Scheuklappen aufzudecken. Seien Sie jedoch behutsam und vorsichtig mit allzu schnellen Urteilen und fragen Sie sich auch, im Sinne eines systemischen Blickes, ob und welche Funktion möglicherweise diese Phänomene für das System (z. B. die Kinder- und Jugendhilfe oder das Gesundheitswesen) haben und wer möglicherweise davon profitiert.

Führung in Krisen

Führung wird gerade in einer Welt von Unsicherheiten oder Krisen in besonderem Maße bedeutsam. In solchen Situationen, beispielsweise (zumindest zu Beginn) der Corona-Pandemie helfen weniger Strategien, Handlungsanweisungen, sondern es sind gerade der Umgang mit Unsicherheiten und das Vertrauen in die Führungskraft, die entscheidend sind (siehe auch Abschnitt 1.3).

Im oben genannten Sinne der Bedeutung des Emotionalen, zeichnen sich solche Führungssituationen eher dadurch aus, dass es die Person der Führungskraft ist, die durch ihr Handeln und ihre Persönlichkeit maßgebend für ein erfolgreiches Krisenmanagement ist.

Checkliste: Erfolgreiches Krisenmanagement

Meier (2020) nennt sieben Punkte, die wichtig sind:

- *Anpassen statt Strategie:* „Der Anpassungsfähige profitiert. Das setzt voraus: Bereitschaft, sich infrage zu stellen: Bereitschaft, die eigene Position und Struktur über den Haufen zu werfen: Kritikfähigkeit. Oft auch: Erfahrung und vielfältiges Wissen. Denn die Krise wird nicht von Fachleuten beherrscht, sondern von Leuten, die Experten zuhören" (Meier 2020, S. 25).
- *Souverän mit Schwächen umgehen:* „Aus Schwäche, aus Zweifeln, aus der Ahnung, dass da oben nur ein Mensch ist mit all seinen Sorgen, kann Stärke erwachsen. Viele Chefs haben in den Krisenwochen überraschend offen über ihre Sorgen gesprochen [...] Wer Einblick in seine Verletzlichkeit gewährt, demontiert nach klassischer Lehre seine Position. Jetzt hat die Offenheit Mitarbeiter oft überzeugt" (a. a. O., S. 26).
- *Kommunikation und Auseinandersetzung:* „Nun geht es für viele wieder um die Zukunft, und es wird klar, dass ein gut funktionierendes Unternehmen eine Plattform für Auseinandersetzung ist. Aufgabe der Führung ist es nicht allein, Botschaften zu senden, sondern eine Plattform zu organisieren" (a. a. O., S. 27).
- *Chefs/Chefinnen als Ermöglichende von Autonomie:* „Als die Krise losging, konnte man überall sehen, wer eigenständiges Arbeiten eingeübt hatte und wer nicht. Für Chefs hingegen, die Wert legten auf Berichtslinien, Monitoring, hierarchische Steuerung, wurde oft das Unternehmen zu einem schwarzen Loch" (a. a. O., S. 28).

- *Die Bedeutung des Vertrauens:* „Organisationen, in denen eine Angstkultur dominiert, werden schwach. Chefs, die Entscheidungen, Bewertungen und vielleicht auch mal ganze Prozesse ihren Leuten überlassen können, werden stark" (a. a. O., S. 30).
- *Ständiger Ideenfluss:* Führung sollte Raum und Zeit für einen solchen ständigen Ideenfluss geben, eine geniale Idee allein ist zu wenig (vgl. a. a. O., S. 31).
- *Zuversicht durch Hoffnung:* „Hoffnung akzeptiert schwierige und niederschmetternde Fakten und ordnet sie ein, anstatt sie totzuschweigen. Hoffnung malt ein realistisches Bild von Chancen anstatt sie überzubetonen und den Spot nur auf sie zu richten. Hoffnung lässt der Angst Raum, um zu relativieren, anstatt sie als Schwäche zu behandeln" (a. a. O., S. 32).

Führen im Krisenmodus

Die nachfolgenden Punkte nach Likierman können eine weitere Orientierung darstellen, die auch über die Corona-Pandemie hinaus wegweisend für Führung im „Krisenmodus" (→ 1.12 Risikomanagement) sind:

- *Wissenserwerb:* „Entwickeln Sie neue Methoden, um Stakeholdern – vor allem Mitarbeitern – das Gefühl zu geben, dass sie Teil einer Gemeinschaft sind. Hören Sie genau hin, um veränderte Stimmungen oder Gefühle zu erkennen, die in einer solchen Übergangssituation zwangsläufig auftauchen" (Likierman 2020, S. 23).
- *Vertrauen:* Hier geht es darum Vielfalt zu fördern und nicht die Bestätigung der eigenen Position, gerade in der Corona-Krise änderten und ändern sich die Daten und Fakten: „Überprüfen Sie alles, was Sie bislang für selbstverständlich gehalten haben. Ihre Kunden, Zulieferer und Wettbewerber sind ebenfalls betroffen, und ihre Reaktionen sind oft nicht vorhersehbar" (a. a. O., S. 24).
- *Erfahrung:* Ein breites Wissen ist in solchen Situationen wichtig: „Versetzen Sie sich auf der Zeitleiste gedanklich in die Zukunft. Versuchen Sie Entwicklungen vorherzusehen, indem Sie in allen möglichen Quellen nach Orientierung suchen. Diese Krise ist anders, weil sie weltweit ausgebrochen ist und weil wir heute mit dem Internet einen beispiellosen Zugang zu Informationen haben" (a. a. O., S. 25).
- *Distanz:* In einer Krise gibt es viele kognitive Verzerrungen, Informationen werden ganz unterschiedlich bewertet, Bestätigungen werden eher akzeptiert, Überzeugungen einer Gruppe spielen ebenso eine Rolle wie die Idee einer Normalität: „Bilden Sie sich nicht ein, dass kognitive Verzerrungen bei Ihnen nicht vorkommen. Wenn Sie mit Kollegen darüber sprechen, was jetzt zu tun ist, sollten Sie offen mit Ihren eigenen Verzerrungen umgehen [...] Als Führungskraft haben Sie außerdem die Pflicht, mit gutem Beispiel voranzugehen. Bewahren Sie Ruhe und entscheiden Sie nicht hektisch" (a. a. O., S. 27).
- *Alternativen:* In der Corona-Krise, insbesondere im Lock-down wurden viele Alternativen eingeschränkt, dennoch galt und gilt es, stets nach Alternativen auch in der Krise Ausschau zu halten, einfache Lösungen in Frage zu stellen und weiterzudenken. Es ist eine (andere) Balance zwischen Reaktionsgeschwindigkeit und Geduld zu finden, die Zusammensetzung von Teams ist zu überdenken, Zeitpläne in Frage zu stellen und auf das Bauchgefühl (das ja eher auf vergangene Erfahrungen beruht) ist nur bedingt Verlass (vgl. a. a. O., S. 28).
- *Umsetzung:* Pläne helfen nur sehr bedingt: „Seien Sie realistisch. Erstellen Sie Notfallpläne, um mit den unvermeidlichen Rückschlägen umzugehen, die das Unerwartete bringt" (a. a. O., S. 31).

Gerade in einer Krise, die in besonderem Maße die Ungewissheit in ihren zukünftigen Risiken und Chancen potenziert, zeigt sich die Fähigkeit einer Führungskraft gerade dann Besonnenheit, Orientierung, Handlungsoptionen und Perspektiven aufzuzeigen.

Wie auch immer: In Krisenzeiten sind andere Notwendigkeiten erforderlich und gerade dann zeigt sich stärker als in Alltagssituationen der Charakter der einzelnen Personen, sowohl auf der Seite der Führungskräfte als auch auf Seiten der Mitarbeiter/innen. Möglicherweise bringen Krisen als besondere Situationen in ähnlicher Weise wie die Arbeit in Projekten besondere und neue, bisher weitgehend verborgene, Talente ans Licht (→ 4.12 Personalentwicklung).

1.5 Gestaltung statt Verwaltung – zwischen Dynamik und Stabilität

Überblick gewinnen

Leitung und Führung sind zuallererst Gestaltungsaufgaben und sollten weniger als Verwaltungsaufgabe verstanden werden. Gerade eine neue Führungskraft muss zweierlei bewältigen: den eigenen Stil der Gestaltung finden und zum anderen (meist) den Übergang in der Organisation zu einer neuen, der eigenen, Leitungspersönlichkeit. Dabei gilt es, sich nicht im „Kleinklein" zu verlieren, sondern den berühmten „Hubschrauberblick", im Sinne eines Überblickes und einer Fokussierung auf die wesentlichen Dinge, zu behalten.

Gestaltungsaufgaben

Für den Bereich der Kindertageseinrichtung haben Macha et al. drei wesentliche Gestaltungsaufgaben für eine Leitung herausgestellt:

1. Gestaltung von Sinn
2. Gestaltung von Beziehungen
3. Gestaltung von Organisation (vgl. Macha et al. 2016).

Im Grunde können diese drei Gestaltungsaufgaben auf alle Bereiche in Sozial- und Gesundheitsorganisationen übertragen werden: Nur, wenn Leitung den Sinn der Aufgabe, der Organisation verdeutlicht, kann Führung gelingen. Zu diesem Sinn gehört nicht nur das Aufzeigen von Visionen oder großen Zielen, sondern auch die Verbindung der vermeintlich ganz kleinen und unbedeutenden Arbeiten zu den großen Zielen, welches ebenso zur Motivation beitragen kann. Entscheidend ist zudem die Gestaltung von Beziehungen in und außerhalb der Organisation, die für die Aufgabenerfüllung besonders im sozialen Bereich bedeutsam sind. Auch sollte die Organisation (wo notwendig statisch, wo sinnvoll dynamisch) so gestaltet werden, dass mit einer gewissen Regelmäßigkeit betrachtet wird, ob und wie die Organisation von Prozessen und Strukturen förderlich für die Aufgabenerfüllung des Unternehmens sein kann.

Es wird nicht immer einfach sein, die Gestaltungsaufgabe „durchzuhalten", da es oft auch Begrenzungen gibt, die aufgrund von Rahmenbedingungen und Entscheidungen anderer vorgegeben sind.

Vielen Personen fällt es dabei leichter, sich als „Opfer" zu begreifen und andere für ihr eigenes Schicksal verantwortlich zu machen, doch dies lenkt allzu oft von der eigenen Verantwortung ab. Zudem haben es Führungskräfte sehr schwer, wenn sie selbst nicht

Hoffnung, Zuversicht und Tatkraft „ausstrahlen". Wer sollte einer Führungskraft folgen, wenn diese (zumindest auf lange Sicht) weder positiv noch begeisternd und mitreißend führt?

Von der Verwaltung zur Ausführung und Umsetzung

Mit der Differenzierung von Gestaltung und Verwaltung soll keinesfalls die Bedeutung der Verwaltung geschmälert werden, denn diese ist für die Ausführung und Umsetzung wichtig. Gerade in einem demokratischen Gemeinwesen ist eine verlässliche Verwaltung, die „ohne Ansehen der Person" alle Menschen in gleicher Weise und unbestechlich behandelt, wichtig. Kersten et al. beschreiben in diesem Sinne die Bürokratie als wichtige Grundlage für den Zusammenhalt in der Gesellschaft: „[...] Demokratie gewährleistet rechtsstaatliche Freiheit, soziale Gleichheit und die gesellschaftliche Integration aller Bürgerinnen und Bürger, auch und gerade wenn sich die gesellschaftlichen und wirtschaftlichen Rahmenbedingungen ändern. Damit ist die Bürokratie selbst *die* Infrastruktur, die unsere Gesellschaft zusammenhält" (Kersten et al. 2020, S. 15). Verwaltung definieren sie in dem Sinne als „[...] eine demokratische, gemeinwohlbezogene und an öffentlichen bzw. kollektiven Interessen orientierte Aufgabe. Sie ist kein *profit center* und sie ist keine Marketingagentur" (a. a. O., S. 75).

Die Führungskraft selbst sollte sich und auch dem jeweiligen Team Zeit und Raum geben, diese Gestaltungsaufgaben wahrzunehmen. Wie alle Aufgaben so braucht auch die Gestaltung Ressourcen sowie eine Planung.

1.6 Konflikte – erkennen, lösen oder lösen lassen

Konflikte sind Alltag

Konflikte sind zunächst und von ihrem Wortursprung her nichts anderes als aufeinanderstoßende Interessen, von daher sozusagen überall dort natürlich, wo Menschen miteinander umgehen oder arbeiten. Der Konflikt ist also mehr oder weniger Alltag. Führungskräfte sollten eine Sensibilität dafür entwickeln, wann ein Konflikt von Mitarbeitenden selbst gelöst werden kann und wann die Führungskraft eine Entscheidung herbeiführen muss. „Ein Konflikt liegt vor, wenn es innerhalb der Person oder zwischen Personen Tendenzen gibt, die gleichzeitig auftreten, in unvereinbare Richtungen weisen, nicht zu vereinbaren, etwa gleich stark ausgeprägt sind und deren Verwirklichung voneinander abhängt" (Mahlmann 2016, S. 19).

Umgang mit Konflikten

Wie Personen mit Konflikten umgehen, ist sehr stark von deren Haltung und Erfahrungen Konflikten gegenüber abhängig. Werden sie als bedrohlich gesehen, führt dies eher dazu, Konflikte zu meiden, werden sie dagegen als mögliche Lern- und Entwicklungschancen wahrgenommen, werden sie als solche auch genutzt.

„Führungskräfte gibt es, weil es Konflikte gibt. Konflikte als Zielkonflikte, Wertkonflikte, soziale Konflikte. Einige von ihnen *müssen* entschieden werden, einige *können* entschieden werden. Wenn die Organisation nicht vorentschieden hat und die Mitarbeiter nicht selbst entscheiden, wenn also die Gefahr der Paralyse droht, dann müssen Sie als Führungskraft ‚einspringen'. Sie müssen die Entscheidungsfähigkeit von Konflikten sichern" (Sprenger 2012, S. 172). Sprenger geht sogar noch etwas weiter, wenn er ein Unternehmen gar als „organisierten Konflikt" bezeichnet: „Das Bauprinzip des Unternehmens ist nicht Konsens, sondern Dissens. Und es wird durch das Zulassen von Konflikten nicht schwächer, sondern stärker. Gute Unternehmensführung besteht darin,

Multirationalität zu balancieren. Damit ist ein Unternehmen Widerspruchsverarbeiter. Es bewältigt Widersprüche, die es nebeneinander und gleichzeitig bestehen lässt. Anders ausgedrückt: Ein Unternehmen ist organisierter Konflikt" (Sprenger 2020, S. 59).

Checkliste: Konfliktmanagement

Im Zusammenhang mit Führungsaufgaben weist Glasl (2018) auf die folgenden Notwendigkeiten und Kompetenzen der Führungskraft zum Konfliktmanagement hin:

- *Geschärfte Wahrnehmungsfähigkeit*
  (Heiße, kalte Konflikte): Nicht immer liegen die Konflikte klar an der Oberfläche, manche Konflikte schwelen und sind erst auf den zweiten Blick erkennbar.
- *Kennen und Verstehen von Konfliktdynamiken*
  Konflikte verlaufen in Eskalationsstufen (nach Glasl in neun verschiedenen Stufen auf drei Ebenen):

  → Win-Win (hier können beide Seiten noch als Gewinner/innen den Konflikt beilegen)

  → Win-Lose (bei diesen weiteren drei Stufen kann nur eine Seite gewinnen)

  → Lose-Lose (auf diesen letzten drei Stufen können beide Seiten nur noch als Verlierer/innen aus dem Konflikt herausgehen).

  Nur auf den ersten drei Stufen lassen sich noch Win-Win-Lösungen zwischen den Mitarbeitenden finden, auf weiteren Stufen sind ggf. Außenstehende und Führungskräfte gefordert, um eine weitere Eskalation zu verhindern. Das Gleiche gilt natürlich auch für Konflikte zwischen Mitarbeitenden und Führungskräften.
- *Umgang mit eigenen und fremden Emotionen:* Konflikte betreffen meist auch Emotionen und Wahrnehmungen, die von Natur aus sehr unterschiedlich sein können.
- *Verstehen eigener und fremder Bedürfnisse:* Jeder Mensch hat eigene Bedürfnisse, diese gilt es auch bei anderen wahrzunehmen.
- *Elementare Methoden anwenden:* Hierzu gehören Kommunikationstechniken und z. B. auch das so genannte Harvard-Konzept (s. u.), das u. a. bedeutet, nicht um Positionen zu kämpfen, sondern die jeweiligen Interessen offenzulegen.
- *Mögliche Folgen einschätzen:* Ungelöste Konflikte haben Auswirkungen auf die Organisation, mindestens blockieren sie und haben den Hang zur Eskalation.
- *Haltung/Ethik:* Der Umgang mit Konflikten hat etwas mit der eigenen Haltung, der eigenen Erfahrung, aber auch mit der Ethik im Sinne der Reflexion von Moral zu tun.

Konfliktlösung

„Konfliktlösung gehört zu den Grundtechniken einer Kultur, wie Rechnen, Lesen und Schreiben" (Glasl 2018).

Analyse der Konfliktart

Bei der Wahrnehmung sollte es auch darum gehen, zu analysieren, um welche Art eines Konfliktes es sich handelt. Zu unterscheiden sind:

- Interessenkonflikte (unterschiedliche Bedürfnisse, Wünsche oder Interessen)
- Zielkonflikte (unvereinbare Ziele)
- Beurteilungskonflikte (Uneinigkeit über den Weg zu einem Ziel)

- Verteilungskonflikt (knappe Ressourcen und deren Verteilung)
- Rollenkonflikt (unterschiedliche Erwartungen an Rollen)
- Strukturkonflikt (Strukturen als Ursachen von Konflikten)
- Beziehungskonflikt (die gegenseitige Beziehung und Gefühle stehen im Vordergrund)
- Wertkonflikt (unterschiedliche Werthaltungen stehen hinter einem Konflikt)

(vgl. Mahlmann 2016, S. 163 ff.)

Je stärker Personen emotional in einen Konflikt verwickelt sind, umso stärker wird dabei die Wahrnehmung auf diesen Konflikt konzentriert. Bei einem Konflikt zwischen zwei Personen beispielsweise werden nicht mehr die Gemeinsamkeiten gesehen, sondern der Konflikt wird zum alles beherrschenden Thema. Obwohl („objektiv" betrachtet) der Konflikt nur 10 % der Beziehung ausmacht und 90 % Konsens ist, wird das Verhältnis genau anders wahrgenommen, 90 % Konflikt und „höchstens" noch 10 % Gemeinsamkeit.

Harvard-Konzept

Das Harvard-Konzept als eine Möglichkeit der Kommunikation gerade im Kontext von Konflikten versucht, gemeinsam aus Konflikten herauszukommen und Lösungen zu finden, die für alle Konfliktpartner vorteilhaft sind.

Die Prinzipien des Harvard-Konzeptes sind:

- Menschen und Probleme getrennt voneinander behandeln
- Auf Interessen konzentrieren, nicht auf Positionen
- Entwickeln von Entscheidungsmöglichkeiten zum beiderseitigen Vorteil
- Anwendung neutraler Beurteilungskriterien

(vgl. Fisher et al. 2006)

Die größten und stärksten Konflikte werden sich kaum in den ersten Tagen als Führungskraft zeigen. Dennoch gilt es, von Anfang an aufmerksam zu sein für Widersprüche, für übermäßiges Lob oder Tadel von anderen über andere und für Themen und Beziehungen, die verschwiegen werden. Oft handelt es sich dabei um sogenannte „Leichen im Keller", die meist von alten ungelösten Konflikten herrühren. Auf jeden Fall sollten Sie sich auf die Lösung von Konflikten als eine wichtige Aufgabe vorbereiten. Aber, wie schon betont, Ihre Aufgabe ist nicht primär die der Mediation, Sie müssen auch hier entscheiden, ob die Beteiligten selbst in der Lage sind, den Konflikt zu lösen, ob es Hilfe von außen (z. B. Supervision) bedarf oder ob Sie als Führungskraft für Klarheit sorgen müssen. All dies hängt natürlich von der Reichweite und der Bedeutung des Konfliktes ab.

Konstruktive Streitkultur

Doppler sieht Konflikte in einer konstruktiven Streitkultur als wichtig für den Erfolg an: „Das Offenlegen von Meinungsunterschieden und Interessengegensätzen ist aber Voraussetzung für den gemeinsamen Erfolg. Gefragt ist eine konstruktive Streitkultur: Eine Welt, in der Konflikte nicht verdrängt, sondern zum Anlass genommen werden, auf dem Wege ruhiger Auseinandersetzung neu Lösungen zu finden" (Doppler 2020, S. 8).

Eine solche Kultur bedarf der Einübung und auch der (positiven) Vorbilder für Streit und Konflikt. Nur, wenn in der Organisation für (möglichst) alle erkennbar wird, dass das Ansprechen und Aufarbeiten von Konflikten für alle Seiten erfolgreich zum Lernen und zur gemeinsamen Suche nach Lösungen genutzt wird, wird dies Nachahmer finden und sich positiv auf eine Streitkultur auswirken.

1.7 Leitbild – Leid-Bild, Light-Bild oder Leih-Bild?

Gelebte Unternehmenskultur

Man wird kaum in den ersten Tagen als Führungskraft ein neues Leitbild erstellen wollen und die Organisation damit sofort „umkrempeln", dennoch ist das Thema Leitbild ein wichtiges Thema für den oder die Neue. Sie sollten direkt vom ersten Tag an aufmerksam sein, welches Leitbild in der Organisation vorherrscht und vor allen Dingen, was davon im Sinne einer Unternehmenskultur tatsächlich auf welchen Ebenen gelebt wird. Damit ist schon betont, dass ein gelebtes Leitbild wesentlich bedeutsamer ist als irgendwelche wohlformulierten Sätze im Empfangsbereich der Organisation.

Orientierung nach innen und außen

Eine weitere Bedingung, die ein Leitbild unbedingt erfüllen sollte, ist die, dass alle Organisationsmitglieder davon wissen und möglichst auch bei der Erstellung beteiligt wurden. Ein wichtiges Indiz ist auch, ob und wie neue Organisationsmitglieder in Bezug auf vorhandene Leitbilder einbezogen, eingearbeitet und beteiligt werden. Wenn ein Leitbild leiten soll, dann sollte es auch neuen Organisationsmitgliedern Orientierung bieten.

Sind diese Bedingungen nicht erfüllt, verkommt ein Leitbild zum einem netten, aber meist wirkungslosen PR-Gag, also eher einem „Light-Bild". Oder aber, was unter Umständen noch schlechter ist, die Diskrepanz zwischen Leitbild und Organisationsalltag verschärft die Unzufriedenheit und die Frustration in der Organisation, das Leitbild wird zum „Leidbild". Wird schließlich das Leitbild der Organisation in ihrer Eigenheit nicht gerecht oder wurde es einfach nur abgeschrieben oder von einer Agentur formuliert, kann man mit einer gewissen Berechtigung von einem „Leih-Bild" sprechen.

Ein echtes und gelebtes Leitbild soll hingegen Orientierung nach innen und außen bieten. Wenn Sie Defizite in der Umsetzung des Leitbildes sehen, dann sollten und können Sie dieses sicherlich nicht direkt abstellen, Sie sollten aber das Thema Leitbild auf Ihre mittelfristige Agenda setzen. Aber auch hier sollten Sie sehr behutsam vorgehen, möglicherweise ist das Thema Leitbild aufgrund von schlechten Vorerfahrungen ein „vermintes Gelände".

Klare Positionierung notwendig

Das Problem vieler Leitbilder ist eine Unverbindlichkeit und die Idee, es allen recht machen zu wollen: „Das Ganze ist bewusst so weich und diffus formuliert, dass daraus weder konkrete Handlungen abgeleitet werden müssen, noch konkrete Sanktionen" (Doppler 2020, S. 8). „Ich bezeichne ein solches Vorgehen als geplante Folgenlosigkeit. Folgenlos, weil alles bewusst so allgemein formuliert wird, dass gar nicht nachgehalten werden kann – und wohl auch nicht soll. Wer ernsthaft etwas verändern wollte, würde die wesentlichen Baustellen direkt angehen" (Doppler 2020, S. 8).

Ein wirksames Leitbild braucht demnach klare Positionierungen, ein konsequentes und erkennbares Handeln, sonst überwiegt das Leiden am Leitbild, oder es ist nur ein leichtes Bild, im Sinne eines Light-Bildes. Vielleicht kann ein Leitbild dazu beitragen, den

Blick von dem fernen Ziel auf das nahe Handeln zu richten und dazu motivieren, das Mögliche zu schaffen.

Nachhaltige Leitbildentwicklung

Für ein nachhaltig wirksames Leitbild sind vor allem zwei Punkte entscheidend: zunächst der Prozess seiner Entwicklung und dann der „Sitz im Leben" der Organisation. Für den ersten Punkt ist es wichtig, alle Ebenen der Organisation in einem partizipativen Prozess an der Entstehung eines Leitbildes zu beteiligen. Gerade aus den Diskussionen und Auseinandersetzungen kann eine gemeinsam formulierte Ausrichtung der Organisation entstehen, die Orientierung für die Zukunft gibt.

Wirksame Umsetzung

Bei der Umsetzung ist darauf zu achten, dass das Leitbild auch tatsächlich gerade bei anstehenden Entscheidungen zur Orientierung in der Organisation genutzt wird. Wesentliche Punkte dabei werden die folgenden sein:

- Das Leitbild sollte eine Richtung vorgeben und über die Beschreibung des Status quo hinausgehen im Sinne von Herausforderungen für die Zukunft der Organisation.
- Auswahl neuer Mitarbeiter/innen: Vorstellung des Leitbildes.
- Einstellung neuer Mitarbeiter/innen: Diskussion und Aneignung des Leitbildes.
- Strategische Entscheidungen über neue Geschäftsfelder oder die Aufgabe von Geschäftsfeldern: Wo wird hier das Leitbild berücksichtigt?
- Regelmäßige (alle 2 bis 5 Jahre, je nach Dynamik der Organisation) Aktualisierung des Leitbildes in einem Prozess.
- Überprüfung aller Dienste und Einrichtungen in Bezug auf die Ausrichtung am Leitbild.
- Integration des Leitbildes in Prozesse des Qualitätsmanagements, der Evaluation, der Innen- und Außendarstellung.

1.8 Marketing – den Markt im Blick

In einer Wettbewerbssituation (→ 1.17 Wettbewerb) in einem Marktumfeld braucht es Marketing. Marketing ist mehr als Werbung, sondern meint die Beobachtung, Analyse des Umfeldes der Organisation und die Ausrichtung der Organisation auf die Umgebung.

Soziale Dienstleistungen

Soziale Organisationen bieten in aller Regel Dienstleistungen an, die konzipiert werden müssen, für die ein Preis kalkuliert werden muss, über die kommuniziert werden muss und die eine Platzierung in der sozialen Umgebung haben. Im Bereich sozialer Dienstleistung definieren Birzele und Thieme: „Sozialmarketing beschreibt das Marketing für soziale Güter durch Profit- und Non-Profit-Organisationen" (Birzele und Thieme 2007, S. 69). Im strategischen Marketing geht es vor allem um eine langfristige Planung, beim operativen Marketing um Leistung, Preis, Platzierung und Kommunikation bezogen auf die Güter und Dienstleistungen im so genannten Marketing-Mix. Gerade bei sozialen Dienstleistungen kommen noch Personal, Kontext und Prozess als weitere Marketingfelder hinzu (vgl. Birzele und Thieme 2007, S. 101). D. h. beim Marketing (nicht nur in Zeiten eines Fachkräftemangels) kommt es auch auf das „richtige" Personal an, auf die Rahmenbedingungen der Leistung und auf den Erstellungsprozess.

Instrumente des Sozialmarketings

Arnold sieht die Entscheidungsfreiräume im Bereich des Preises und der Platzierung (Distribution) als zweitrangig an (vgl. 2014, S. 694) und fokussiert vor allem folgende Bereiche als wichtige Instrumente des Sozialmarketings:

- Leistungs- und Gegenleistungspolitik (Gestaltung der Leistungen und Austauschbeziehungen)
- Kommunikationspolitik (Gestaltung der Informationsflüsse zwischen der Einrichtung und ihren Stakeholdern) (Arnold 2014, S. 695).

Sozialwirtschaftliches Dreieck

Generell sind Dienstleistungen und Güter im Sozial- und Gesundheitswesen nicht durch eine einfache Anbieter/in-Nachfrager/in-Marktbeziehung geprägt, sondern vom Grund auf komplexer. Vielfältig laufen solche Beziehungen im so genannten sozialrechtlichen oder (→ 3.10) sozialwirtschaftlichen Dreieck zwischen Leistungserbringer/in, Kostenträger/in (hier im Sinne desjenigen, der die Leistung finanziert) und dem/r Leistungsempfänger/in ab (vgl. Arnold 2014, S. 651). So erhält beispielsweise in einer Beratungsstelle die hilfesuchende Person die Leistung einer Erziehungsberatung, die Beratungsstelle erbringt die Leistung und das Jugendamt als örtlicher öffentlicher Jugendhilfeträger finanziert die Leistung. Der im Kinder- und Jugendhilferecht festgelegte Rechtsanspruch des Leistungsempfängers/der Leistungsempfängerin richtet sich an das Jugendamt.

Felber sieht generell den Markt im Verhältnis zum Staat als Teil eines „Ehepaares" (vgl. Felber 2019, S. 224). Ein Markt ist auf einen Rahmen und Regelungen angewiesen, Felber sieht den Markt als „eine vom demokratischen Rechtsstaat geschaffene Super-Infrastruktur, auf der sich wirtschaftliche Tätigkeiten und Freiheiten erst entfalten können" (Felber 2019, S. 224). Er wendet sich damit gegen eine oft verbreitete Vorstellung, der Markt sei ein Gegenüber des Staates und der Staat solle sich aus dem „freien Spiel der Kräfte" des Marktes heraushalten.

Passgenaue Angebote

Vor diesem Hintergrund gilt es gerade für Führungskräfte, den Markt im Blick zu haben und ihn durch das eigene Handeln der Organisation zu beeinflussen. Dazu sind Elemente des Marketings erforderlich, die langfristig und präventiv angelegt sein sollten, um sich in einer veränderten Umwelt zu positionieren.

Zwei gängige Sprüche im Bereich des Marketings tragen hierbei jeweils eine tiefere Wahrheit über das Marketing in sich: „Die Hälfte der Marketingkosten bringen nichts, wir wissen nur nicht welche Hälfte" und „Der Köder muss dem Fisch schmecken, nicht dem Angler". Der erste Spruch spricht dafür, Kosten und Erträge von Marketing systematisch zu überprüfen, so dass die Kosten für Marketing zielgerichtet eingesetzt werden. Der zweite Spruch deutet an, dass es darum gehen müsse, die Bedürfnisse der jeweiligen Zielgruppe genau zu kennen. Es wäre jedoch vermessen, die Zielgruppe „ködern" zu wollen, sondern es muss vielmehr darum gehen, die Bedürfnisse der Zielgruppe zu ergründen und das Dienstleistungsangebot passgenau für diese zu erstellen. Dazu ist eine regelmäßige Kommunikation mit den Stakeholder/innen von Bedeutung (→ 1.14 Stakeholder/innen).

1.9 Nachhaltigkeit – als zukunftsträchtige Gegenwartsaufgabe

Nachhaltigkeit ist mehr als ein modisches Schlagwort. Im Kontext von Sozial- und Gesundheitsorganisationen sind hier vor allem zwei Zielrichtungen zu erwähnen:

- Zum einen in der Nachhaltigkeit der eigenen Dienstleistungen; so sollten diese die erwünschten Wirkungen für die Person bzw. die Gesellschaft auch mittel- und langfristig erzielen.
- Zum anderen sollten mit dem Handeln der Organisation auch wünschenswerte Ziele in Richtung sozialer, ökologischer und ökonomischer Umwelt erreicht werden. Es wirkt auf Dauer unglaubwürdig, wenn ein Wohlfahrtsverband sich für die Rechte von Personen am gesellschaftlichen Rand einsetzt, durch sein Einkaufsverhalten aber gerade hier oder in anderen Teilen der Erde zur Ausbeutung von Menschen und Umwelt beiträgt.

In einer Welt aufmerksamer Medien können durch unüberlegte Handlungen, die die Nachhaltigkeit schädigen, schnell Reputationsverluste entstehen.

Sozialökologie als Zukunftsprojekt

Böhnisch sieht in der Nachhaltigkeitsfrage das weltumspannende Problem der Existenz des Menschen an sich. Gerade daher sieht er die Verbindung aus Sozialem und Ökologischem als Zukunftsprojekt: „Deshalb ist das sozialökologische Gesamtprojekt das einzige konsequente Zukunftsprojekt, in dem sich lokale und globale Entwicklungen vermitteln lassen. Es ist in seinem Kern, auch wenn das viele noch nicht wahrhaben wollen, ein antikapitalistisches Projekt" (Böhnisch 2020, S. 90). Die kapitalgebundene Logik bilde eine Moral aus, die sozialen Normen entgegenstehe und nicht mehr sozial kommunizier- und vermittelbar sei (a. a. O., S. 89).

Soziale Nachhaltigkeit

Im Handeln von Organisationen und deren Führungskräften wird das Handeln für eine soziale Nachhaltigkeit bedeutsamer: Soziale Nachhaltigkeit kann verstanden werden als „[...] die Berücksichtigung von unmittelbaren und mittelbaren Wirkungen und Nebenwirkungen des eigenen Handelns oder Nichthandelns auf andere Menschen derzeit und in Zukunft" (Schneider 2019c, S. 322).

Gerade die Dimensionen einer sozialen Nachhaltigkeit sollten für soziale Organisationen im Handeln deutlich werden (vgl. Schneider 2019c, S. 324):

- Einstellung von Personal und Personalentwicklung
- Führungskultur
- Leistungen
- Umgang mit Adressat/innen und Kund/innen
- Lieferbeziehungen
- Eigenes (individuelles) Handeln
- Kooperation mit anderen Akteur/innen
- Finanzanlage und -transaktionen

„Bei Baumaßnahmen, beim Einkauf, bei finanziellen Angelegenheiten, beim Reisen eines Sozialunternehmens soziale Nachhaltigkeit zu berücksichtigen, bedeutet einen Weitblick, bedarf aber auch Rahmenbedingungen, die nur zum Teil beeinflussbar sind.

Dennoch ist schon jetzt weit mehr möglich, als tatsächlich in diesem Feld getan wird" (Schneider 2019c, S. 324).

Sowohl für die zukünftige Ausrichtung einer Organisation sowie deren Reputation in der Öffentlichkeit als auch für die Akzeptanz in der Gesellschaft erscheint es für neue Führungskräfte sinnvoll, hier weitreichende Akzente zu setzen.

Ökonomie und Gemeinwohl

Wenn der Gedanke der Nachhaltigkeit weiter gedacht wird, sollten sich gerade auch Führungskräfte im Sozial- und Gesundheitsbereich überlegen, wie Wirtschaft in der Zukunft sozial gestaltet werden kann und die oft sogenannten strukturellen oder systemimmanenten Probleme des bisherigen Wirtschaftens nachhaltig und zukunftsweisend verändert werden können. Ansätze dazu gibt es inzwischen viele, so z. B. die Idee der Gemeinwohlökonomie (vgl. Felber 2014), der Postwachstumsökonomie (Paech 2018) oder der Donut-Ökonomie (Raworth 2018). Felber spricht sich dafür aus, die Marktwirtschaft von einer Konkurrenz- und Gewinnorientierung auf ein Gemeinwohlstreben und Kooperation umzustellen, was in einem zweiten Schritt bedeutet: „Wenn Gemeinwohl das demokratisch definierte Ziel des Wirtschaftens ist, dann müsste logischerweise bei der ökonomischen Erfolgsmessung die Zielerreichung gemessen werden. Auf allen Ebenen: auf der Ebene der Volkswirtschaft (Makroebene), auf der Ebene des einzelnen Unternehmens (Mesoebene) und bei jeder Investition (Mikroebene)" (Felber 2014, S. 33). Von Weizsäcker und Wijkman zeigen nach einer Analyse der Trends, die alles andere als nachhaltig sind, über eine neue Aufklärung Wege zur Nachhaltigkeit auf mit vielen Beispielen einer regenerativen Wirtschaft, einer dezentralisierten Energie, einer „Blue Economy" bis hin zu Reformen im Finanz- und Wirtschaftssystem (vgl. von Weizsäcker und Wijkman 2019).

Impulse für mehr Nachhaltigkeit

Damit wird erkennbar, dass auch einzelne Unternehmen in ihrem Handeln, ihrer Struktur und in ihrer Ergebnisdarstellung einen Weg in Richtung Nachhaltigkeit, bezogen auf Umwelt und Gemeinwohl gehen können. Das kann z. B. bedeuten,

- Ergebnisse jenseits der finanziellen Ergebnisse zu bilanzieren oder jene in Zahlen zu übersetzen (vgl. Sprinkart 2015),
- in der betrieblichen Altersversorgung Ethik und Nachhaltigkeit zu berücksichtigen (vgl. Schneider 2018),
- Nachhaltigkeit im Management und Leadership als wichtigen Faktor zu berücksichtigen (vgl. Müller-Christ 2014, Schneider 2016).

All diese Ansätze verdeutlichen, dass Nachhaltigkeit nicht länger ein theoretisches Konstrukt bleiben muss und darf, sondern sich in den Alltag von Organisationen umsetzen und erkennbar machen lässt.

Konkrete Maßnahmen

Hier eine Beispielsliste mit konkreten Maßnahmen für eine neue Nachhaltigkeit in sozialen Organisationen:

- Im Bereich der Ökologie:
  - Umweltfreundliche Fahrzeuge
  - Dienstfahrräder
  - Energieeffiziente Gebäude
  - Unterstützung von Privathaushalten bei der Energieeffizienz

- Im Bereich der Ökonomie:
  - Reduktion des Materialverbrauches
  - Akzente der Kreislaufwirtschaft einführen
  - Unterstützung lokaler Geldkreisläufe
  - Ethische und nachhaltige Finanzdienstleistungen und -anlagen
- Im Bereich des Sozialen:
  - Evaluation der Wirkung eigener Dienstleistungen
  - Betrachtung von Prozessketten
  - Nachhaltige und vorausschauende Personalentwicklung
  - Adressat/inneneinbezug in Dienstleistungen und deren Evaluation

Warum also nicht als neue Führungskraft Impulse für mehr Nachhaltigkeit setzen und erkennen lassen? Gerade in einer Zeit, in der viele Entwicklungen (Pandemien, Umweltzerstörung, Erderwärmung) zeigen, dass nicht alles beherrschbar und vorhersagbar ist, sollte eine Führungskraft eine Orientierung bieten, die über den Tag hinauszeigt und damit sicher auch viele Themenbereiche der Mitarbeiter/innen anspricht und an deren Motivation ansetzt. Gerade wenn Arbeit einen Sinn macht oder zu einem höheren Sinn beiträgt, der über die alltägliche Arbeitsleistung hinausgeht, dann wird Führung einfacher als wenn eigene Werte (der Führungskraft oder der Mitarbeiter/innen) am „Werkstor" oder dem Eingang des Wohlfahrtsverbandes oder am Empfangsbereich des Krankenhauses abgegeben werden müssen. Allerdings: Dass eine Umstellung auf Nachhaltigkeit kein einfaches Unterfangen ist, zeigen nicht nur viele politische und gesellschaftliche Diskussionen.

1.10 Organisation – Zwischen Bürokratie und Agilität

Organisation meint generell das Ersetzen von Einzelfallentscheidungen durch feste Prozesse (Ablauforganisation) und/oder Strukturen (Aufbauorganisation). Das meint aber auch, dass nicht jeder Sachverhalt einer Regelung im Sinne einer Prozessbeschreibung oder einer neuen Struktur bedarf. Dabei gibt es je nach Aufgabenstellung ganz unterschiedliche Organisationsformen.

Bürokratie

Eine Bürokratie (als „Herrschaft der Schreibtische") sorgt für Klarheit, behandelt jeden Fall rechtssicher nach dem gleichen Schema und stellt damit in einer Demokratie sicher, dass jede Entscheidung „ohne Ansehen der Person" fällt, zumindest ist dies ihr Anspruch.

Agile Organisationsformen

Je stärker Aufgaben der Gestaltung und Kreativität Zweck einer Organisation sind, umso eher muss ihr Aufbau auch eine Hierarchie aufweichen oder ganz vermeiden: „Agile Organisationsformen eignen sich dann besonders gut, wenn Innovation und Kreativität im Fokus einer Organisationseinheit stehen. Sie ermöglichen eine schnelle Reaktionsfähigkeit auf die Bedürfnisse der Kunden und damit eine schnelle Realisierung neuer Marktchancen" (Fraunhofer Institut 2020, S. 6). Agil meint in dem Zusammenhang eine Organisation, die sich in unsicherem Umfeld schnell den neuen Begebenheiten anpassen kann. Das Wort agil meint in seinem Wortursprung „leicht zu führen, beweglich, geschäftig" (Duden 2014, S. 106).

Organisationskulturen

In der Literatur sind die unterschiedlichsten Einteilungen und Heuristiken von Organisationen und Organisationsmodellen im Umlauf. Eine, wenn auch nicht empirisch abgesichert, so doch sehr brauchbare Einteilung ist die von Handy (1993), der vier Organisationskulturen einteilt:

- die Macht-Kultur (power)
- die Rollen-Kultur (role)
- die Aufgaben-Kultur (task) sowie
- die Personen-Kultur (person)

Sicherlich sind diese Kulturen kaum in Reinform in einer Organisation zu finden, sie stellen jedoch grundlegende Strukturen und Kulturen dar, die einige Phänomene in der jeweiligen Organisation erklären können. Die vier Kulturen zeigen auch auf, dass Kulturen nur sehr langsam zu verändern und sehr eng mit der Organisationsstruktur verbunden sind.

Hier eine genauere Übersicht:

Kultur	Symbol	Kennzeichen
Macht-Kultur	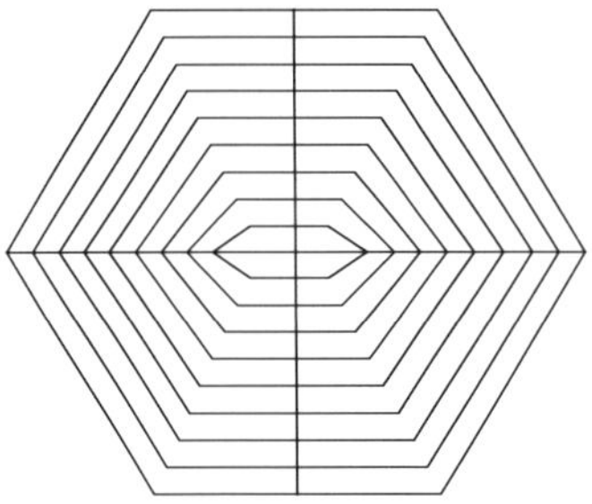 Wie in einem Spinnennetz ist in der Machtkultur die Ausrichtung auf die Mitte, auf das Zentrum der Macht vorhanden, ohne diese Mitte „geht nichts".	Die Kultur ist von einer zentralen Quelle der Macht abhängig, verschiedene Kreise um das Zentrum verdeutlichen funktionale oder spezifische Einflusssphären. Je weiter vom Zentrum entfernt, umso weniger Einfluss und Macht haben die Bestandteile der Organisation. Zentral ist die Auswahl der richtigen Personen an den entscheidenden Stellen. Eine solche Organisation ist sehr anpassungsfähig, bedarf eines geringen Bürokratie-Aufwandes und kann schnell reagieren. Sie ist nur bis zu einer bestimmten Größe sinnvoll. *Ordnungsprinzip:* zentrale Person. *Beispiel:* Kleine Start-Up-Unternehmen. *Zentrale Aussage:* Arbeite wie der Chef/die Chefin. *Stärken:* schnelle Entscheidungen.

Kultur	Symbol	Kennzeichen
Rollen-Kultur	Ähnlich einem griechischen Tempel sind in einer solchen Organisation die Rollen klar und fest verteilt.	Diese Kultur arbeitet streng nach Logik und Rationalität. Die einzelnen Säulen haben eine starke Kompetenz, es gibt ganz klar festgelegte Rollen und Stellen. Geleitet wird die Organisation von einem kleinen Zirkel des Managements. Die Macht entsteht durch die Rolle, eine Rollenkultur ist auf eine stabile Umgebung angewiesen. *Ordnungsprinzip:* schriftliche Regeln, stabile Rollen, strenges Berichtswesen. *Beispiel:* Bürokratisch organisierte Verwaltungen. *Zentrale Aussage:* Halte Dich an die Regeln. *Stärke:* Stabilität und Routine.
Aufgaben-Kultur	Ein Netz oder eine Matrix beschreibt am besten eine solche projektorientierte Kultur.	Die Macht in einer solchen Kultur ist auf die Expertise der einzelnen Personen begründet. Eine Aufgabenkultur arbeitet in einer Teamstruktur, die an den Ergebnissen der Arbeit und den Aufgaben orientiert ist. Die Struktur ist auf die Aufgabe hin ausgerichtet. „The task culture utilizes the unifying power of the group to improve efficiency and to identify the individual with the objective of the organisation" (Handy 1993, S. 188). *Ordnungsprinzip:* Vereinbarungen, Rollen. *Beispiel:* Projektgruppe. *Zentrale Aussage:* Sei anpassungsfähig und flexibel. *Stärke:* Kreativität und Innovation.

Kultur	Symbol	Kennzeichen
Personen-Kultur	☆ Ein lockerer Zusammenhalt von individuellen, selbst leuchtenden Sternen ist das passende Bild für eine Personen-Kultur.	Das Individuum steht hier in der Mitte aller Organisation. Jede Struktur in der Organisation dient diesem Individuum. Kontrollmechanismen bedürfen eines (schwer zu erreichenden) Konsenses. Personen in solchen Organisationen sind nur schwer zu managen *Ordnungsprinzip:* Aushandlungsprozesse. Die Organisation hat den Menschen zu dienen. *Beispiel:* Professor/innen in einer akademischen Einrichtung. *Zentrale Aussage:* Nutze Deine Chance! *Stärke:* Raum für individuelle Entfaltung und Entwicklung.

Abbildung 4: Organisationskulturen nach Handy 1993, S. 181 ff. (eigene Darstellung)

Die Übersicht zeigt, dass eine Organisationskultur zu den Aufgaben einer Organisation passen muss und eine je andere Struktur andere Kulturen und damit auch andere Individuen schafft.

Man darf sich als Neuling also nicht wundern, dass in einer Bürokratie streng auf die Einhaltung von Regeln geachtet wird und an einer Universität der/die Professor/in mehr Geltung beansprucht als Regeln. Spannend wird es, wenn mehrere Kulturen zusammenstoßen, wenn eine Projektstruktur auf eine Rollenstruktur trifft oder eine Macht-Kultur auf eine Personen-Kultur. Dies zeigt auf, welche Konflikte hier entstehen können sowohl zwischen Personen in Organisationen als auch zwischen verschiedenen Organisationseinheiten und verschiedenen Organisationen.

1.11 Qualitätsmanagement – Orientierung mit Beteiligung

Qualitätsmanagement sollte zwischenzeitlich in den Organisationen und Unternehmen der Sozialwirtschaft angekommen sein, im Feld der Gesundheit ist es bereits seit längerem Standard und teilweise gesetzlich verpflichtende Vorgabe. Für Sie als neue Führungskraft ist es wichtig, zu erfahren, ob und inwieweit bisher Erfahrungen zum Qualitätsmanagement in der Organisation gemacht wurden. Diese Erfahrungen können von Enttäuschungen, Hoffnungen oder auch von verinnerlichtem Qualitätsmanagement geprägt sein.

Qualitätsmanagementkonzepte

Eine grobe Einteilung von Qualitätsmanagementkonzepten, die die Gesamtheit der Arbeit in einer Organisation betrachten, kann dergestalt vorgenommen werden, in welchem Maße die Konzepte

- relational,
- normativ oder
- prozesshaft-dynamisch

sind.

In einem Qualitätsmanagementsystem sind stets meist mehrere der genannten Orientierungen vorhanden, wichtig ist jedoch, wer diese Normen wie bestimmt (Organisation, Fachleute, die Verständigung untereinander), wer wie in den Prozess eingebunden wurde und wird und auf was sich die Aussagen beziehen. Bei jeder Form des Qualitätsmanagements ist Partizipation erforderlich.

Qualitätsentwicklung: diskursiv

Neben umfassenden Qualitätsmanagementsystemen, die alle Prozesse im Blick haben und mehr oder weniger mit einem Total-Quality-Management verbunden sind (DIN ISO basierte Systeme oder EFQM-Modelle), die in unterschiedlichem Maße Partizipation ermöglichen, haben sich auch Modelle der Qualitätsentwicklung ausgebildet und etabliert. Diese gehen stärker von aktuellen Themenstellungen in den Einrichtungen und Organisationen aus und entwickeln von dort aus u. a. auch Standards.

„Qualitätsentwicklung im Diskurs" (vgl. Schneider et al. 2015 und Schneider 2019) geht im Bereich von Kindertageseinrichtungen von einer gemeinsamen entwicklungsfördernden Evaluation und einer Verbindung zur Organisationsentwicklung aus. In drei methodischen Schritten werden mit relevanten Akteuren Themen beobachtet, entwickelt und damit Praxis verändert. Wesentliche Grundlagen sind dabei neben dem Diskurs auch die Bedeutung, Reflexion und Veränderung von Haltungen sowie das Leben von Vielfalt.

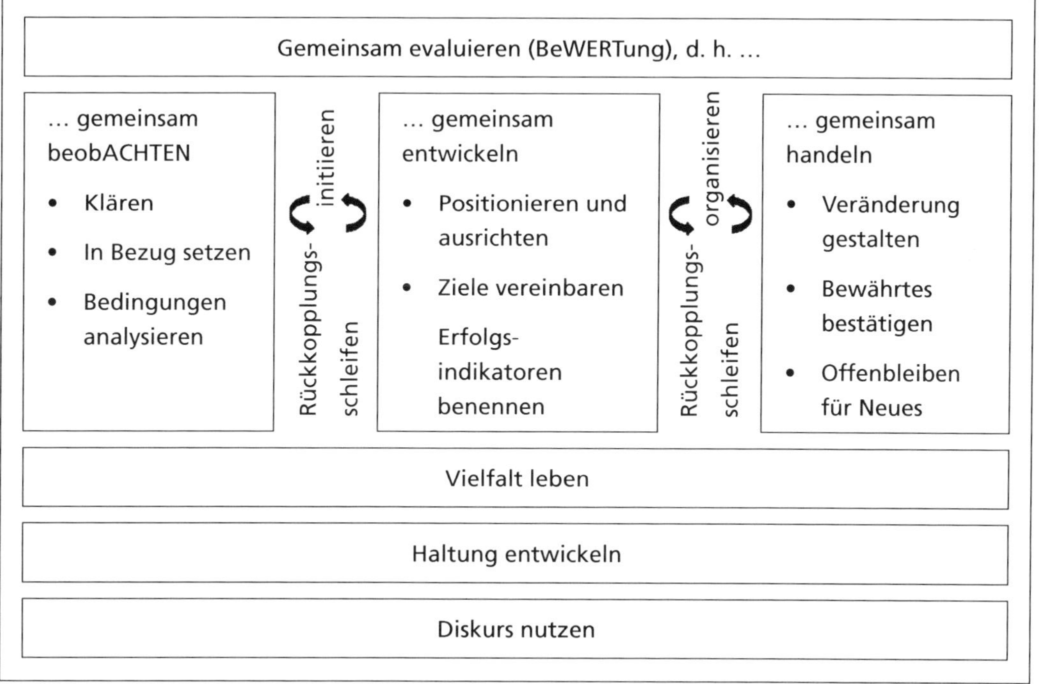

Abbildung 5: Qualitätsentwicklung im Diskurs (vgl. Autorengruppe 2020, S. 8)

Gerade für kleinere Organisationen stellen Hermann und Müller (2019) ihr Modell der Qualitätsentwicklung als „Praxisforschung und reflexives methodisches Handeln" vor. Als Ergänzung zu anderen Modellen kennzeichnet ihr Modell ein handlungsorientiertes Verständnis von Professionalität, ein Verständnis von Qualitätsmanagement und Qualitätsentwicklung u. a. als Weiterentwicklung fachlicher Arbeit und der Organisationsgestaltung sowie Praxisforschung (vgl. Hermann und Müller 2019, S. 69 f.).

Beide Ansätze zeigen, dass es im Feld der Sozial- und Gesundheitswirtschaft angepasster und praxistauglicher Modelle bedarf, um Qualität zwischen Standardisierung und Einbezug von Beteiligten und Betroffenen zu gestalten und weiterzuentwickeln. Vielfach zeigen die in der Mitte der 1990er Jahre forcierten Qualitätsmanagementkonzepte (vorsichtig ausgedrückt) Ermüdungsentscheidungen, wurden doch oft kritiklos Konzepte aus der Industrie übernommen, was verständlicherweise bei den Sozialen Berufen skeptisch aufgenommen wurde und wird: Professionelle fühlten sich in ihrer Autonomie begrenzt, Konzepte wurden als fachfremd oder als Ausfluss einer zunehmenden Ökonomisierung angesehen.

Erfolge sichtbar machen, motivieren, orientieren

Richtig eingesetzt kann Qualitätsentwicklung aber auch Erfolge sichtbar machen, motivieren und orientieren (vgl. Hermann und Müller 2019, S. 23).

Hermann und Müller unterscheiden zwischen fünf verschiedenen Handlungsmustern im Kontext von Qualitätsmanagement und -entwicklung, die jeweils mit anderen Werkzeugen zu bewerkstelligen sind. Dies lenkt den Blick auf die jeweiligen Zielsetzungen, die mit Qualitätsmanagement und -entwicklung verfolgt werden sollen:

Handlungsmuster im Kontext von Qualitätsmanagement und -entwicklung	Werkzeuge und Methoden (beispielhaft)
Überprüfen, was man tut	Evaluation
Probleme in der Organisation untersuchen und Lösungen entwickeln	Praxisforschung, Analyse von Schlüsselsituationen und Schlüsselprozessen
Rahmenbedingungen der Arbeit untersuchen	Sozialraumanalyse, Umweltanalyse, Risikoanalyse, Stakeholderanalyse
Konzeptionell erfassen, was man tut bzw. tun will	Rekonstruktion von Praxis, Konzeptionsentwicklung, Operationalisierung von pädagogischen Zielen
Etwas Neues entwickeln und erproben	Innovationszyklus, Projektmanagement

Abbildung 6: Übergreifende Handlungsmuster und entsprechende Methoden im Bereich von Qualitätsmanagement und -entwicklung (vgl. Hermann und Müller 2019, S. 82)

1.12 Risikomanagement – schafft Raum für Chancen

Gerade eine Führungstätigkeit ist mit vielerlei Risiken verbunden (Schwierigkeiten mit dem Personal, finanzielle Risiken, eigene Fehlentscheidungen, etc.), die auch Auswirkungen auf das eigene Vermögen und die Reputation haben können, selbst wenn aus den Risiken nur fahrlässig Fehler oder Fehlentwicklungen entstehen. Diese Risiken lassen sich durch Versicherungen, aber auch strukturell minimieren.

Risikomanagementsystem

Ein kluges Risikomanagement schafft Ressourcen für die „eigentliche" Arbeit: „Auf der Grundlage eines Risikomanagementsystems können Gefahren frühzeitig erkannt und Zeit für unternehmerisches Handeln gewonnen werden. Risikomanagement ermöglicht eine rechtzeitige Bewertung und Bewältigung von Risiken" (Moos 2014, S. 733).

Im Risikomanagementprozess geht es um die folgenden Schritte:

- *Identifikation der vorhandenen Risiken* (z. B. durch Wettbewerb, rechtliche Risiken, Risiken durch den Betrieb der Einrichtung, Risiken durch Nichterfüllung von Leistungen durch die eigene Organisation oder gegenüber der eigenen Organisation)
- *Bewertung der vorhandenen Risiken* (mögliche Kriterien dabei können sein: die Wahrscheinlichkeit des Eintritts, das mögliche Schadensausmaß, der potentielle Schaden)
- *Steuerung der Risiken* (durch Vermeidung, Reduzierung, Überwälzung oder Vorsorge)
- *Überwachung der Risiken*

(vgl. Moos 2014, S. 736 ff.).

Haftung im Verein

Eine Falschinformation, die noch oft verbreitet wird, ist, dass ein eingetragener Verein (e. V.) nur mit dem Vereinsvermögen haftet. Gegenüber dem Finanzamt und den Sozialversicherungsträgern haftet der Vorstand auch über das Vereinsvermögen hinaus, d. h. auch mit dem eigenen persönlichen Vermögen, selbst wenn der Vorstand nur ehrenamtlich tätig ist.

Dieses Risiko lässt sich mindern, indem z. B. die Rechtsform einer GmbH gewählt wird, bei der (vorausgesetzt es handelt sich nicht um grob fahrlässiges oder vorsätzliches Fehlverhalten) die Haftung nur auf das Gesellschaftsvermögen beschränkt ist.

Verantwortungsvereinbarungen

Bei allen Rechtsformen sind klare Verantwortungsvereinbarungen zwischen den beteiligten Personen erforderlich. Sind diese Verantwortlichkeiten nicht geklärt, kann jeder bzw. jede rechtlich belangt werden und es wird sehr schwierig, die eigene Nichtverantwortung zu beweisen.

Absicherung für Vorstände

Eine Absicherung für Vorstände ist die so genannte Vermögensschadenshaftpflichtversicherung (auch D&O (Directors & Officers)-Versicherung), die Schäden am eigenen persönlichen Vermögen bei verschiedenen Stufen der Fahrlässigkeit bis zu einer bestimmten Höhe abdeckt. Gerade zu Beginn einer Tätigkeit sollten klar die Risiken in den Blick genommen werden, oft liegen noch „Leichen im Keller", die erst nach einer gewissen Zeit entdeckt werden (Vereinbarungen, die nicht direkt offen kommuniziert werden, Verträge, die ggf. die Haftung von Einzelpersonen vorsehen). Zur eigenen Sicherheit sollten auch nicht vorschnell Verträge oder Verpflichtungen übernommen werden, die nicht klar begrenzt oder begrenzbar sind.

Internes, externes Risikomanagement

Risikomanagement bedeutet eine wachsame Aufmerksamkeit für Krisen, Bedrohungen und eher schleichende Fehlentwicklungen in einer Organisation. Je größer die Organisation ist, umso wichtiger ist eine feste Installation eines internen Risikomanagements und einer externen (und möglichst unabhängigen) Unterstützung etwa durch Wirtschaftsprüfungen. Je offener und zielgerichteter der Umgang mit Risiken, umso wirksamer kann das Risikomanagement Freiheiten für die Kernprozesse in der Organisation schaffen.

Viele Risiken liegen im Alltagshandeln und sind allgemeine Lebensrisiken. Die Corona-Pandemie hat deutlich gezeigt, dass der Alltag immer mit Risiken für Infektionen,

Unfälle und unvorhergesehenen Ereignissen verbunden ist. Diese lassen sich nie ganz vermeiden, sondern höchstens minimieren. Hier wird es dann entscheidend darauf ankommen, wie mit solchen eingetretenen Risiken umgegangen wird. Kommt es z. B. in der Organisation zu einem Unfall, so ist die eine Seite die medizinische Versorgung und ggf. die juristische Aufarbeitung. Wichtig ist aber hier die Kommunikation, vor allem auch der Führungskraft, hier sind dann Empathie, ggf. Trost und menschliche Nähe gefragt und vor allem ein Eingehen auf die mit dem Unfall verbundenen Emotionen der Wut, der Angst, der Suche nach Schuldigen, etc. Für solche Situationen gilt einmal mehr, dass es hier nicht um Checklisten gehen kann, sondern eher um Ernstnahme und Wertschätzung einer jeden Person in ihrer Situation.

1.13 Strategie – Denken und Handeln

Strategie, so scheint es oft, sei das Wichtigste im Zusammenhang mit der Führung eines Unternehmens oder einer Organisation. Strategie allein hat aber keinen Wert an sich, sondern muss der Zielsetzung und Zielerreichung einer Organisation dienen. Und Strategien tragen eine Ungewissheit in sich: „Unternehmen legen sich in ihren Entscheidungen immer wieder auf eine Zukunft fest, die sie nicht kennen können [...] Strategische Festlegungen operieren notgedrungen mit einem hohen Anteil an Nichtwissen. Sie sind folglich immer riskant. Denn ihre Grundlagen lassen sich ungeachtet des hohen analytischen Aufwandes nicht wirklich errechnen" (Nagel et al. 2002, S. 18).

Von seinem Wortursprung kommt Strategie aus dem Militärischen und meint so viel wie ein Heer oder eine Armee führen. Kortendieck definiert Strategie als „ein(en) langfristiger(n), auf die Existenzsicherung und die Erweiterung der Erfolgspotenziale abzielender(n) Vorgang" (2017, S. 18).

Merkmale strategischen Managements

Wesentliche Merkmale eines strategischen Managements sind demnach:

- Ein Zeithorizont von 3 und mehr Jahren
- „die richtigen Dinge tun" (im Sinne einer Effektivität)
- Motivierung für neue Aufgaben und Erfolgspotenziale
- Veränderte Zielsetzungen
- Ggf. auch Belastung kurzfristiger Ertragslagen im Sinne einer Investition in Erfolg versprechende neue Ideen, Einrichtungen und Dienste
- Gegenstand sind Chancen und Risiken, Stärken, Schwächen, Umweltanalysen und die Auswertung von Frühwarnsignalen (vgl. Kortendieck 2017, S. 18)

Ein wichtiger Schritt bei der Planung einer Strategie ist die Abgrenzung von strategischen Geschäftsfeldern, die (im Quasi-) Markt als solche erkennbar sind, sich auf Bedürfnisse von Kunden beziehen, mit strategischen Zielen übereinstimmen und einen Erfolg zum Unternehmen darstellen können (vgl. Kortendieck 2017, S. 36). Unterschiede kann es z. B. geben im Bereich der Bedürfnisse (Pflege, Betreuung, Versorgung ...), der Zielgruppen (alte, junge Menschen, Kranke, ...) oder der Technologie (stationär, ambulant, ...) (a. a. O., S. 37). Beispielsweise kann sich ein Krankenhaussozialdienst in diesem

Sinne das Bedürfnis nach einem „nahtlosen" Entlassmanagement nach einem Krankenhausaufenthalt zu eigen machen, das neben der Zielgruppe der Patient/innen auch die Angehörigen in den Fokus nimmt und in Netzwerken teilstationäre und ambulante Möglichkeiten sucht.

Analyse notwendig

Weiter muss es dann darum gehen mit entsprechenden Planungsinstrumenten die eigene Situation am Markt, des Marktes, der Nachfrager/innen etc. zu analysieren und für eine eigene Strategie nutzbar zu machen (→ Marketing).

Unternehmens-, Geschäftsfelderstrategie

Eine Strategie kann das ganze Unternehmen im Blick haben (Unternehmensstrategie) oder einzelne Geschäftsfelder (Geschäftsfelderstrategie). Dabei ist zu entscheiden, ob es um Wachstum, Stabilisierung oder auch um eine Desinvestition geht und in welchen Funktionsbereichen diese stattfinden (Beschaffung, Leistung, Finanzierung, Investition, Marketing, Personal), ob die Organisation sich gegenüber Konkurrenten um Vermeidung, Angriff, Verdrängung oder um einen Status quo bemüht und wie z. B. Wettbewerbsvorteile erreicht werden können (Kostenführerschaft, Differenzierung, Konzentration oder Gesamtmarktabdeckung (vgl. Kortendieck 2017, S. 119 f.).

Allein die Strategie als Bestimmung auszurufen, sehen Pfeffer und Sutton als „gefährliche Halbwahrheit", vielmehr sollten nach deren Ansicht folgende Punkte bei Strategien Berücksichtigung finden (vgl. Pfeffer und Sutton 2006, S. 150 ff.):

- Strategie als Alternative um herauszufinden, was zu tun ist.
- Operative Probleme und Probleme der Umsetzung sollten nicht mit der Notwendigkeit von Veränderungsstrategien vermischt werden: „Before you blame your strategic approach make sure that it is the approach that is to blame and not how well that business model has been executed" (Pfeffer und Sutton 2006, S. 153).
- Strategie einfach halten.
- Lernen beim Gehen.
- Die Balance finden zwischen der Beachtung der Strategie und der Beachtung der Details der Umsetzung.

Strategien sind also wichtig, sie sollten aber einen „Sitz im Leben" haben und eine längerfristige Perspektive in den Blick nehmen. Wichtig ist es auch, Strategien, sollen sie denn motivierend wirken, gemeinsam zu entwickeln und gemeinsam anzugehen und schließlich auf ihre Wirksamkeit hin zu überprüfen.

1.14 Stakeholder/innen – in ihren Interessen nutzen

Begriff Stakeholder

Das englische Wort Stakeholder wird oft mit „Anspruchsgruppe" übersetzt. Von seinem Ursprung her geht es darum, als Stakeholder/innen Personen oder Personengruppen zu identifizieren, die die größten Risiken mit dem Handeln oder Nichthandeln einer Organisation eingehen. In aller Regel sind es die Kund/innen, Mitarbeiter/innen und Lieferant/innen, die etwas „zu verlieren haben": „A stake is a sum of money, or other valuable, wagered on an event. To stake is to wager, to hazard, or to risk. The etymology is uncertain, but probably derives from the idea of fixing or placing on a physical stake, as a sign of commitment [...]. Thus the concept is closely associated with the notions of a sign on commitment. The stakeholder is a person who has much to lose – financially, socially, or psychologically – from the failure of the firm" (Attas 2004, S. 315).

Ein/e Stakeholder/in ist also jemand, der/die durch eine Organisation, ein Unternehmen etwas zu verlieren hat, sei es finanziell, sei es sozial oder sei es psychologisch.

Stakeholder-Analyse

Eine Stakeholder/innen-Analyse kann daher im strategischen Management (→ 1.13 Strategie) zur Beschreibung, als Instrument oder als normativer Anspruch an verschiedene Gruppen genutzt werden.

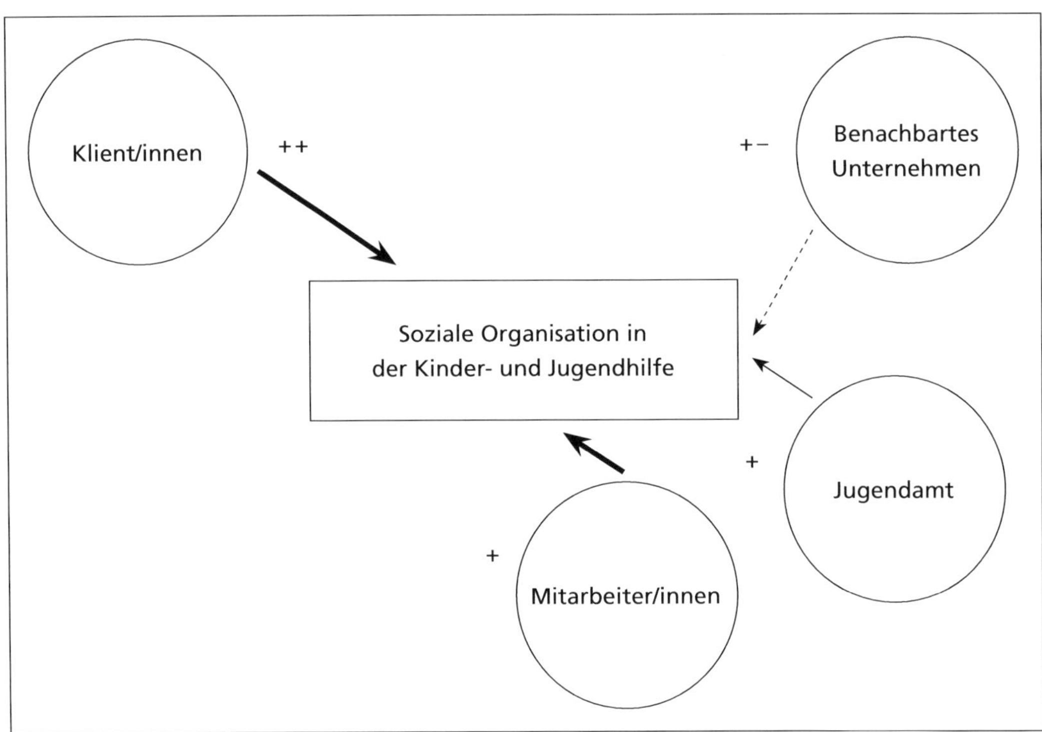

Abbildung 7: Beispiel für eine Stakeholder/innenanalyse (eigene Darstellung; mit der Stärke der Pfeile kann die Bedeutung, mit der Länge die Nähe und mit Plus- und Minuszeichen die Form der Risiken bzw. Chancen dargestellt werden)

Balance von Interessen

Die Identifikation von Stakeholder/innen und deren Bedürfnisse ist ein wichtiger Analyseschritt zu Beginn einer Führungstätigkeit. Grob gesagt besteht Führung im Wesentlichen darin, die unterschiedlichen Stakeholder/inneninteressen so zu balancieren, dass das Ziel der Organisation optimal umgesetzt wird. Stakeholder/inneninteressen verändern sich, werden mal mehr, mal weniger offen artikuliert und gehen selten nur in eine Richtung, sondern widersprechen sich auch teilweise. Werden sie dauerhaft nicht berücksichtigt, führt dies zu ernsthaften Problemen: Mitarbeiter/innen kündigen, Finanzgeber geben keine Kredite mehr, Kunden wandern zu anderen Organisationen oder Lieferanten stellen die Lieferung ein.

1.15 Veränderungen – Widerstandsenergie nutzen

Gehen Sie einmal stark davon aus, dass mit Ihrem neuen Job Veränderungen verbunden sind und Ihre Aufgabe darin besteht, Veränderungen anzugehen. Ob es sich dabei um eine Transaktion (Leistung gegen Gegenleistung, Führung durch Zielvereinbarung), also eher eine kleinere Veränderung handelt oder um eine Transformation (Umformung, Werte verändern sich), das sollten Sie mit Ihren Vorgesetzten klären und absprechen.

Change-Management

Handelt es sich um größere Veränderungen, so sind wesentliche Grundlagen des Change-Managements von großem Vorteil. Für jede Art der Veränderung ist es notwendig, stark zu kommunizieren und möglichst viele Menschen mitzunehmen. Veränderungen gehen nie reibungslos vonstatten und bedürfen immer auch einer Zeit. Gerade, wenn Sie als Führungskraft länger in der Organisation bleiben wollen, sollte Ihnen daran gelegen sein, Veränderungen mit Bedacht und nachhaltig anzugehen. Veränderungen treffen Personen unterschiedlich, jede Person hat in unterschiedlichem Maße Bedürfnisse nach Stabilität und Veränderung und reagiert daher auch verschieden auf Veränderungen. Dieses gilt es zu beachten. „Jeder Eingriff, der eingespielte Strukturen und Prozesse verändern soll, trifft unweigerlich auf die fest etablierte Eigendynamik eines kaum durchschaubaren, hochkomplexen Organisationsgeschehens, ein Umstand, der die Wirkung solcher Eingriffe unberechenbar macht" (Nagel et al. 2002, S. 290 f.).

Fragen zur Veränderung

Was man sich fragen sollte, bevor größere Veränderungsprozesse angestoßen werden, fassen Pfeffer und Sutton (vgl. 2006, S. 167) in die folgenden großen Fragen:

- Ist zu erwarten, dass die Praxis besser wird, als das, was gerade getan wird?
- Ist der Veränderungsprozess wirklich die Zeit, das Geld und das Durcheinander wert?
- Sind Veränderungen im Kern wichtig oder genügen eher symbolische Veränderungen?
- Ist die Veränderung gut für Sie selbst, aber schlecht für die Organisation?
- Haben Sie genug Macht, um die Veränderungen auch durchzuführen?
- Sind die Mitarbeiter/innen der zu vielen Veränderungen überdrüssig?
- Werden die Mitarbeiter/innen fähig sein zu lernen und immer wieder nachzubessern im Rahmen der Veränderung?
- Sind Sie in der Lage, den Prozess zu stoppen?

Zu erfüllende Aspekte

Für erfolgreiche Veränderungsprozesse sind mehrere Aspekte wichtig, wie dies in der nachfolgenden Übersicht erkennbar ist:

Bereiche						**Ergebnis**
Vision	Konsens	Werkzeuge	Anreize	Ressourcen	Handlungsplan	Veränderung
	Konsens	Werkzeuge	Anreize	Ressourcen	Handlungsplan	*Konfusion*
Vision		Werkzeuge	Anreize	Ressourcen	Handlungsplan	*Sabotage*
Vision	Konsens		Anreize	Ressourcen	Handlungsplan	*Angst, Unsicherheit*
Vision	Konsens	Werkzeuge		Ressourcen	Handlungsplan	*Widerstand*
Vision	Konsens	Werkzeuge	Anreize		Handlungsplan	*Frustration*
Vision	Konsens	Werkzeuge	Anreize	Ressourcen		*Tretmühle*

Abbildung 8: Erfordernisse von Veränderungsprozessen und mögliche Fehlentwicklungen (Lesehilfe: Wenn z. B. Werkzeuge fehlen für „das Neue", dann führt dies bei den Mitarbeitenden zu Angst und Unsicherheit) (vgl. Schneider 2015, S. 135 in Anlehnung an u. a. Moesby 2004, S. 270)

Diese Abbildung ist zwar nicht empirisch abgesichert, sie zeigt aber auf, dass bei der Nichtbeachtung einzelner Bereiche Veränderungen, Fehlentwicklungen (siehe Spalte „Ergebnis") zu erwarten sind. So entsteht beispielsweise Widerstand oft dadurch, dass keine Anreize für das Neue vorhanden sind oder kommuniziert werden; dadurch werden Beharrungstendenzen in Bezug auf das „Alte" verstärkt.

Die Tabelle kann aber von den Ergebnissen her auf die Spurensuche nach vermeintlichen Fehlern beim Veränderungsmanagement gelesen werden: Herrscht z. B. in einer Organisation Frustration vor, so sollte überlegt und untersucht werden, ob ggf. es bei der Zuteilung von Ressourcen für die Veränderung Probleme oder Defizite gibt.

Widerstand erkunden

Veränderungen bedeuten immer auch Abschied nehmen von alten und vertrauten Dingen, daher kommt es auch naturgemäß zu Widerständen, die es aber zu erkunden gilt: „Wer verändern will, muss alles tun, um die Quelle des Widerstands zu erkunden. Aber eben nicht nur die individuellen, sondern auch solche, die in bestimmten überlieferten Ordnungen stecken. Diese orientieren sich prinzipiell an Erfahrungen, die sich in der Vergangenheit in einem bestimmten Kontext bewährt haben und an Normen, die damals allgemeine Geltung hatten […] Wenn ein neuer Kontext entsteht, ist das Festhalten an bestimmten alten Ordnungen nicht nur nutzlos, sondern geradezu kontraindiziert" (Doppler 2020, S. 7 f.). Die mit dem Widerstand verbundene Energie kann ein Veränderungsprojekt zerstören. Sie kann aber auch, wenn Hintergründe erkundet werden und die Dringlichkeit und Richtung der Veränderungen erkannt und geteilt werden, in einem Veränderungsprozess für Dynamik und neue Energie genutzt werden. „Konsequenz: Widerstand nicht unterdrücken, sondern den Widerständler ernst nehmen und erkunden, was der eigentliche Grund dafür ist" (Doppler 2020, S. 9).

Fördernde und hindernde Aktivitäten

Groß sieht folgende fördernde und hindernde Aktivitäten seitens eines Change-Managers:

Fördernd	Hindernd
Zukunft braucht Herkunft: Brücken zum Neuen bilden	*Zielkonflikte aussitzen:* Verschiedene Richtungen lassen den Wandel nicht zu
Sinn schaffen und Lust wecken: Ziel deutlich machen und den Weg dorthin attraktiv gestalten (trotz Aufwand)	*Keine Verantwortung übernehmen, verteilen und verfolgen:* Klare Verantwortungen und Leitungsentscheidungen sind wichtig
Interessenebenen vermitteln und verknüpfen: Ebenen miteinander verbinden, Berührungsängste abbauen	*Zu vieles auf einmal anpacken:* Überforderung durch zu viele parallele Aktivitäten
Schnelle Erfolge sichern: Erste Erfolge lassen den Weg als machbar erkennen	*Falsche Versprechungen machen:* Ehrlichkeit ist wichtiger
Ziele in Symbole übersetzen: Bilder begeistern eher als bloße Tatsachen	*Keine schnellen, klaren und transparenten Entscheidungen:* Klarheit ist für Projekte ebenso wichtig wie auch ggf. Revisionen von ehemals als richtig gedachten Entscheidungen
Multiplikatoren mobilisieren: Einflussreiche Mitarbeiter/innen gewinnen als glaubwürdige Fürsprecher/innen	*Nur rational argumentieren:* Die Seele muss mitkommen und Wandel darf auch Freude bereiten
Personale Kommunikation als Schnittpunkt: Der Wandel muss erkennbar sein und verstärkt werden	*Bei Widerständen sofort einknicken:* Meilensteine im Blick behalten und dann ggf. Pläne verändern

Abbildung 9: Fördernde und hindernde Aktivitäten für Change-Manager (vgl. Groß 2014, S. 25 f.)

Erfolgsfaktoren

Für erfolgreiche Veränderungsprozesse benennt Groß (2014, S. 417) zehn wichtige Faktoren:

- „Gründe darlegen"
- „Nutzen zeigen"
- „Weg erkennen"
- „Herkunft verstehen"
- „Aufgaben koordinieren"

- „Machbares anpacken"
- „Mitspieler aktivieren"
- „Entscheidungen treffen"
- „Auftrag verfolgen"
- „Veränderung verkaufen"

Als Umgang mit Widerständen empfehlen Hermann und Müller (2019, S. 200)[3]:

- „Den Widerstand nicht bekämpfen, sondern ihn aktiv und ernsthaft aufgreifen"
- „Gelegenheiten schaffen für Mitgestaltung"
- „Kompetenzaufbau ermöglichen"
- „Innerbetriebliche Strukturen und Abläufe beachten"
- „Bei manchen Entscheidungen klare Vorgaben machen"
- „Gegner/innen von Veränderungen möglichst aktiv in die Arbeit einbinden".

Bei Veränderungen sollte immer auch bedacht werden, dass die Aufgaben nach außen hin sichergestellt werden müssen, zugleich besondere Förder- und Fortbildungsmöglichkeiten für Einzelne und Teams förderlich sind. Auch der Veränderungsprozess als solcher bedarf zusätzlicher Ressourcen an Zeit, Raum und Geld.

1.16 Verantwortung – Rechenschaft für Handeln und Nichthandeln

Leichtfertig wird immer von Verantwortungsträgern im Zusammenhang mit Führungskräften gesprochen. Verantwortung bedeutet Eintreten für das Handeln oder Nichthandeln einer Person im Sinne einer Rechenschaft.

Verantwortungsdimensionen, -bereiche

Göbel (vgl. 2016, S. 112) unterscheidet zwischen folgenden Verantwortungsdimensionen und -bereichen:

- Subjekt der Verantwortung: Wer ist verantwortlich?
(z. B. Führungskraft oder Mitarbeiter/in)
- Objekt der Verantwortung: Wem gegenüber ist das Subjekt verantwortlich?
(z. B. Aufgaben, Handlungen, Unterlassungen)
- Verantwortungsrelation: Welche Einflussmöglichkeit hat das Verantwortungssubjekt auf das Verantwortungsobjekt ?
(z. B. Umfang der Verantwortung, für vergangene oder zukünftige Handlungen)
- Instanz der Verantwortung: Wem gegenüber ist das Verantwortungssubjekt verantwortlich? (z. B. Gewissen, Gericht, Öffentlichkeit)

---

[3] Die Empfehlungen wurden zur Implementierung von Qualitätsentwicklung in Organisationen entwickelt; sie lassen sich aber für viele Veränderungsprozesse übertragen.

Dabei wird deutlich, dass Verantwortung keineswegs identisch ist mit der Einhaltung von Gesetzen und auch über die geltenden Moralvorstellungen hinausgehen kann. Verantwortung trifft auf alle Menschen zu und ist nicht auf eine Führungskraft allein beschränkt. Umso wichtiger ist ein klarer moralischer Kompass und die Abgrenzung von Verantwortungsbereichen, denn hier gilt vor allem (spätestens vor Gericht): Ist niemand verantwortlich, sind alle verantwortlich, in verstärktem Maße natürlich die Person, die in der Hierarchie mehr Befugnisse hat.

Institutionen der Verantwortung

Als Institutionen der Verantwortung benennt Göbel in ihrem Management der Verantwortung:

- Analyse und Methoden
- Strategie
- Personal
- innerbetriebliche Institutionen und die
- überbetrieblichen Institutionen (vgl. Göbel 2016, S. 121)

In diesen Bereichen sollte die Führungskraft dafür sorgen, dass Verantwortung und damit auch ethisch reflektiertes Handeln organisiert und gefordert wird. „Verantwortlich in dem Sinn, dass Strukturen und Prozesse in den Organisationen die Verantwortung des Einzelnen und der Organisation als Ganzes fördern und stärken; verantwortet durch die Rechenschaftspflicht derjenigen, die für Prozesse und Strukturen sorgen, und schließlich verantwortbar dadurch, dass Organisationen Rahmen und Setzungen von außen erfahren, die ihre Rechenschaft einfordern" (Schneider 2005, S. 455).

Eine solche Ethik hat in Organisationen nicht allein das direkte und unmittelbare Handeln der Führungsperson im Sinne einer Individualethik im Blick, sondern muss daneben auch den Rahmen und die Organisation im Fokus haben, auch im Sinne einer Corporate Social Responsibility nach außen oder einer Integration in Mess- und Steuerungsinstrumente sowie das Management (vgl. hierzu Schneider 2016 und 2005).

1.17 Wettbewerb – zwischen Schein und Sein

Eine Wettbewerbssituation ist eine wichtige Eigenschaft eines Marktes, in dem kundige Anbieter/innen und Nachfrager/innen sich gegenseitig im Preis, in der Qualität, in Kauflaune und Bedürfnissen unter- und überbieten und dann zu Aushandlungsprozessen kommen.

Gesundheits- und Sozial„markt"

Nur dort, wo im Gesundheits- und Sozialwesen ein solcher Markt vorhanden ist, lässt sich daher von einem echten Wettbewerb reden. Wo nur Quasi-Märkte vorhanden sind, kann auch nur von einem Quasi-Wettbewerb die Rede sein. Das führt zu der Frage, ob diese Quasi-Wettbewerbe überhaupt zielführend sind. Die Zielsetzungen im Gesundheits- und Sozial„markt" sind meist mit Sorge- und Versorgungsfunktionen auf einer Basis menschlicher Würde verbunden.

Wettbewerbsethik

Ein Wettbewerb an sich ist mit Wettbewerbskosten verbunden (→ 1.8 Marketing). Er braucht überwachte Regeln und er hinterlässt neben Gewinner/innen auch Verlierer/innen. Dies ist unter vielen Aspekten bedenklich: Zum einen unter den Gesichtspunkten einer Gleichbehandlung und eines „Niemanden zurücklassen", zum anderen ist nicht nur aus der Konfliktforschung bekannt, dass eine Win-Loose-Situation immer (zumindest auf mittel- und langfristige Sicht) schlechter ist als eine Win-Win-Situation. Felber sieht eine Wettbewerbsethik als Widerspruch zu demokratischen Grundwerten: „In keiner demokratischen Verfassung findet sich Wettbewerb als Grundwert. Hingegen sind gegenseitige Hilfe und Kooperation universelle und zeitlose Werte, die in allen Kulturen anzutreffen sind und menschlich reifer und sozial intelligenter sind als das Ausfahren der Ellenbogen. Im oikos geht es nicht darum, wer das ‚beste' Haushaltsmitglied ist, sondern um ein gelingendes Zusammenleben" (Felber 2019, S. 217).

In vielen Lebensbereichen wird heute ein Wettbewerb inszeniert: „Kennziffern erlauben die Inszenierung von Wettbewerb auch dort, wo er auf natürliche Weise nicht zustande kommt; sie sind funktionale Äquivalente für Preissignale. Der Leistungswettbewerb im Bildungsbereich, der Gesundheitsversorgung, in Behörden oder zwischen Individuen lässt sich demzufolge nur dann wirksam implementieren, wenn es gelingt, objektiv messbare und vorab definierte Leistungsparameter festzulegen, anhand derer Unterschiede festgestellt und Besser-schlechter-Vergleiche vorgenommen werden können" (Mau 2017, S. 193).

Dennoch geht es auch im politischen Kontext immer um die Verteilung und Allokation von Ressourcen, selbst wenn soziale und gesundheitliche Belange noch so wichtig erscheinen. Eindrucksvoll zeigt(e) sich dies in der Corona-Pandemie, dass immer auch andere Begehrlichkeiten und Interessen, die dazu im Wettbewerb stehen, in den Fokus geraten. Aber auch hier gilt: Wettbewerb kostet, benötigt Regeln und führt zu Verlierer/innen. Wenn es um das Aushandeln vieler unterschiedlicher Interessen geht, scheint Kooperation auf Dauer sinnvoller zu sein als ein Wettbewerb.

Für die neue Führungskraft bedeutet dies, sich zum einen des Wettbewerbs bewusst zu sein, zum anderen aber immer auch zu fragen, ob und wie dieser Wettbewerb tatsächlich auch den Zielsetzungen der eigenen Organisation dienlich ist und ob die Kosten des Wettbewerbs (z. B. Lobbyarbeit, Marketing) nicht im Vergleich zu den Erträgen zu hoch sind. Das gilt im Großen wie im Kleinen; so ist auch zu überlegen, ob und wie die Organisation sich z. B. im Feld von Angeboten, Projekten und Dienstleistungen im (Quasi-) Wettbewerb beteiligt. Und: die Aufgabe einer jeden Führungskraft besteht gerade auch in Quasi-Markt-Situationen darin, zusammen mit Verbündeten und vielleicht auch Wettbewerber/innen darauf hinzuarbeiten, dass Rahmenbedingungen verbessert oder geschaffen werden, die den Wettbewerb, gerechter, transparenter und fairer machen oder aber den Wettbewerb überwinden.

1.18 Checkliste Führungsaufgaben

Anleitung: Die Checkliste kann (siehe Beispiel in der ersten Zeile) sowohl „quantitativ" ausgefüllt werden, d. h. z. B. „1" bedeutet bei Dringlichkeit „nicht dringend" oder bei IST und SOLL: „nicht oder in Ansätzen vorhanden", die „3" dementsprechend „sehr dringend" bzw. „voll und ganz umgesetzt". Ebenso ist eine „qualitative Aussage" möglich. Und: Die hier aufgeführten Beispiele stellen keine abschließende Liste dar. Ergänzen Sie die Fragestellungen und Themen, die Ihnen wichtig sind!

Thema/Fragestellung	**Dringlichkeit, Prioritäten**			**IST**			**SOLL**		
Beispiel: Leitbild	*1*			*1*					*3*
	Kaum Orientierung im Alltag			*vage Vorstellung von Mission*			*Leitbild-Prozess wird auch Kooperation stärken*		
Digital Leadership: Wo ist eine Digitalisierung von Bedeutung, wo nicht?									
Ehrenamtlich führen: Wie sind Verantwortung, Zuständigkeiten und Abgrenzungen geklärt?									
Entscheidungen: Welche Entscheidungen müssen Sie treffen, welche sind delegierbar?									
Führung und Management: Wo sind Ihre (emotionalen) Führungskompetenzen, wo Ihre (rationalen) Managementkompetenzen gefragt?									
Führung und Management: An welchen Stellen benötigen Sie bei Führung und Management Unterstützung/Feedback/Ergänzung?									
Gestaltung: An welchen Stellen können Sie frei gestalten, an welchen Stellen ist Ihre Gestaltungsmöglichkeit begrenzt?									
Gestaltung: Wo sehen Sie Möglichkeiten, in Zukunft stärker zu gestalten?									
Konflikte: Wo gibt es Konflikte, die von Ihnen entschieden werden müssen?									
Konflikte: Wo gilt es, Mitarbeitende zu unterstützen bei der eigenen Konfliktlösung?									

Thema/Fragestellung	Dringlichkeit, Prioritäten			IST			SOLL		
Beispiel: Leitbild	*1*			*1*					*3*
	Kaum Orientierung im Alltag			*vage Vorstellung von Mission*			*Leitbild-Prozess wird auch Kooperation stärken*		
Leitbild: Gibt es ein gelebtes Leitbild? Wenn nein: wie kann ein solches forciert werden?									
Leitbild: Wer ist bei der Entwicklung eines Leitbildes einzubeziehen?									
Marketing: Ist die eigene Position auf dem „Markt" oder „Quasi-Markt" (Wettbewerber, Chancen, Risiken) hinreichend bekannt?									
Marketing: Welche Aktivitäten sind geplant, sinnvoll, nötig?									
Nachhaltigkeit: Wie werden bei der Dienstleistung soziale, ökonomische und ökologische Aspekte der Nachhaltigkeit bedacht?									
Organisation: Welche Reibungsverluste entstehen durch unterschiedliche Organisationstypen?									
Organisation: Welche Gestaltungsmöglichkeiten scheinen für die Organisationsstruktur und -kultur möglich und nötig zu sein?									
Nachhaltigkeit: Gibt es Controllingaktivitäten, die die Nachhaltigkeit des eigenen (Organisations-) Handelns wirksam beschreiben?									
Qualitätsmanagement: Wie wird Qualitätsmanagement gelebt?									
Qualitätsmanagement: Sind Qualitätsbereiche benannt, wie sind Qualitätssicherung und Qualitätsentwicklung organisiert?									
Risikomanagement: Werden wesentliche Risiken identifiziert, vermieden, abgesichert?									

Senden und Empfangen

Thema/Fragestellung	Dringlichkeit, Prioritäten	IST	SOLL
Beispiel: Leitbild	*1*	*1*	*3*
	Kaum Orientierung im Alltag	*vage Vorstellung von Mission*	*Leitbild-Prozess wird auch Kooperation stärken*
Strategie: Welche mittelfristigen Überlegungen, Planungen, Ideen gibt es?			
Strategie: An welchen Stellen der Organisation ist Strategie gefragt/erforderlich/hilfreich?			
Stakeholder: Sind die relevanten Stakeholder mit ihren Interessen identifiziert?			
Stakeholder: Welche Formen des Einbezugs der Stakeholder sind notwendig/sinnvoll?			
Veränderungsmanagement: Sind die großen Herausforderungen für die nächste Zeit bekannt und benannt?			
Veränderungsmanagement: Welche laufenden Veränderungsprozesse sind von Bedeutung?			
Verantwortung: Sind Verantwortungen klar abgesprochen und erkennbar?			
Wettbewerb: Wie ist die Stellung der Organisation im Wettbewerb um Kundschaft/Ressourcen?			

2. Kommunikation: auf allen Kanälen

Der Alltag einer Führungskraft ist durch die unterschiedlichsten Gespräche, Kommunikationsformen und -anlässe gekennzeichnet. Dabei kann von einem einfachen Modell von Senden und Empfangen, d. h. von sprechen, sich äußern und schreiben auf der anderen Seite und von hören, lesen und reagieren auf der einen Seite die Rede sein.

Kommunikationsformen

Auch die Form der (bevorzugten) Kommunikation in einer Organisation ist jeweils ganz unterschiedlich. Es gibt Organisationen, in denen die wichtigsten Informationen über den „Flurfunk" kommen und eher eine mündliche Kommunikation vorherrscht, in anderen Organisationen herrschen schriftliche, elektronische oder mediale Kommunikationsformen vor. Für den oder die neue Führungskraft gilt es erst einmal wahrzunehmen, wie die Kommunikation in der neuen Organisation abläuft und wo wesentliche Informationen wie kommuniziert werden. Das heißt bei weitem nicht, dass dies auch in der Zukunft so bleiben muss. Die Art und Weise der Kommunikation der Führungskraft beeinflusst direkt und indirekt auch die Kommunikation in der Organisation.

Generell scheint es erstrebenswert, „direkt" zu kommunizieren und mit den betreffenden Personen zu reden, nicht über die Personen. Wobei betont werden muss, dass eine Führungskraft gerade in Personalangelegenheiten oft nicht umhinkommt auch „über" eine Person zu reden, um z. B. strategische Überlegungen anzustellen. Aber auch dann ist es wichtig, möglichst bald in eine direkte Kommunikation einzutreten.

Wirkung und Interpretationsspielräume

Kommunikation ist das A und O, das eine Organisation zusammenhält. Immer besteht allerdings die Gefahr, dass Kommunikation anders „ankommt", als sie vom Sender gedacht oder beabsichtigt ist. In einer eher harmonischen Situation werden manche Versprecher oder unklare Formulierungen eher positiv ausgelegt. Ist die Situation dagegen angespannt, werden die gleichen Aussagen eher negativ interpretiert. Auch eine Nichtkommunikation sendet eine Botschaft aus. Daher ist es auf Dauer für die neue Führungskraft bedeutsam und wichtig, zu erfahren, wie die eigene Kommunikation auf andere „wirkt".

Von einem systemischen Blickwinkel aus betrachtet ist Kommunikation mehr als eine Handlung einzelner Menschen, sondern eine Kopplung mehrerer Akteur/innen: „Es geht also nicht um die Übertragung von Informationen von einem Sender an einen Empfänger. Vielmehr geht es um die Koordination von Akteuren und ihren Aktionen. Die erfolgt durch die wechselseitige Interpretation des beobachteten Verhaltens" (Boss und Mitterer 2014, S. 106). Damit wird jegliches beobachtbare Verhalten oder eben auch Nichtverhalten interpretierbar und ist per se „fehleranfällig": „Jeder Kommunikationsteilnehmer muss damit rechnen, *dass es so, aber immer auch ganz anders oder gar nicht verstanden werden könnte*. Damit ist das Nichtgelingen von Kommunikation als Normalfall anzusehen" (Boss und Mitterer 2014, S. 107). Dessen eingedenk sollte man also bescheiden werden, was die eigene Kommunikationsfähigkeit angeht, da diese immer von der Reaktion von anderen oder ganzen Systemen und damit vom Kontext abhängig ist.

Die umfassende Bedeutung von Kommunikation auf verschiedenen Ebenen beschreibt Mann und macht damit die Tragweite von Kommunikation sowohl in ihrer positiven als auch in ihrer negativen Dimension deutlich: „Kommunikation ist mehr als nur die

Weitergabe von Informationen. Auf der *Mikroebene* ist sie der Ort der Persönlichkeitsgestaltung vs. Diffamierung, auf der *Mesoebene* strukturiert sie die Gestalt von Organisationen vs. Gewalt von Organisationen und auf der *Makroebene* fördert oder verletzt sie Wertesysteme" (Mann 2020, S. 104).

2.1 Ad Experimentum – Mut zum Ausprobieren

Veränderung unter Bewährungsvorbehalt

Aller Anfang ist schwer und Neuerungen sowie Veränderungen rufen in aller Regel auch Ängste und Widerstände hervor. Einige dieser Widerstände können, wenn ein weitgehender Konsens gefunden wird, damit überwunden werden, dass die Neuerung unter einen „Bewährungsvorbehalt" gestellt wird, d. h. man entscheidet sich für eine neue Sache und probiert diese erst einmal aus. Dabei sollte festgelegt werden, zu welchem Zeitpunkt eine Entscheidung wieder überprüft, reflektiert oder diskutiert wird. Dieses Vorgehen nimmt zum einen Bedenken ernst, denn wer weiß schon, wie sich eine Entscheidung in der Zukunft auswirken wird. Zum anderen kann „Ad Experimentum" auch signalisieren, dass keine Entscheidung für die „Ewigkeit" und „in Stein gemeißelt" ist. Dieses Vorgehen empfiehlt sich vor allem für Änderungen von Abläufen und Prozessen in einer Organisation.

Evaluation

Nach der „Experimentierphase" sollte das Neue dann auch von allen Seiten einer kritischen Überprüfung bzw. einer sorgfältigen Evaluation unterzogen werden. Dann wird sich zeigen, ob und welche der vorher geäußerten Hoffnungen und Befürchtungen tatsächlich eingetreten sind. Ggf. lassen sich dann für die Zukunft Änderungen im eingeschlagenen Weg vornehmen oder ganz neue Wege gehen. Wird für alle sichtbar, dass es ernst war mit dem „Ad Experimentum" und dies nicht als Vorwand diente, lässt sich auch für zukünftige Veränderungen ein solcher Weg einschlagen (→ 1.15 Veränderungen).

Projektarbeit

Eine weitere Möglichkeit der schrittweisen Veränderung und eines „Ausprobierens" neuer Ideen ist die Einführung in einem Projekt oder einem Teilbereich einer Organisation. Hierbei ist aber darauf zu achten, welcher Teil der Organisation dafür ausgewählt wird und wie frühzeitig die anderen Teile der Organisation in Kommunikation, Information und Evaluation einbezogen werden. Denn nur dann lässt sich ein noch so erfolgreiches Ergebnis auch in andere Bereiche übertragen.

2.2 Antrittsrede – Mensch, Ziele und Programm erkennbar machen

Wie auch immer es in der Organisation üblich ist oder nicht, empfehlenswert ist auf jeden Fall eine Antrittsrede, die Sie, Ihre Ziele und Ihr Programm gleich am Anfang deutlich macht. Die Kunst ist, bei dieser Antrittsrede auf der einen Seite eine klare Orientierung zu bieten, auf der anderen Seite aber auch noch Dinge offen zu halten.

Zeitpunkt finden

Wichtig erscheint dabei, den richtigen Zeitpunkt zu finden: am ersten Arbeitstag oder nach einer gewissen Zeit der Einarbeitung? Auf jeden Fall sollten Sie bis zur Antrittsrede schon einen Einblick in die wichtigsten Aufgaben- und Fragestellungen der Organisation gewonnen haben (→ 5.1 Analyse). Was aus vielen Erkenntnissen der Rhetorik gefolgert werden kann: Bilder, auch sprachliche Bilder sagen mehr und neben dem Verstand wollen auch die Gefühle angesprochen werden.

Checkliste Antrittsrede

Hier einige Tipps für Ihre ganz persönliche Antrittsrede:

- Aus welchen Personen, Zielgruppen, Mitarbeiter/innen, Kund/innen, Klient/innen besteht das Auditorium?
- Welche Interessen, Erwartungen sind vorhanden?
- Machen Sie sich vor der Rede mit dem Raum und der Technik vertraut.
- Notizen sind gut, lesen Sie aber ab, geht der Kontakt zum Publikum verloren; versuchen Sie möglichst frei zu sprechen.
- Gerade Anfang und Ende bedürfen der genauen Vorbereitung: Womit steigen Sie ein? Wie gestalten Sie den Schluss Ihrer Rede (Wünsche, Aufforderung zur Zusammenarbeit, Ausblick)?
- Bauen Sie in der Rede einen Spannungsbogen auf, machen Sie neugierig.
- Was wollen Sie erreichen, wo setzen Sie Akzente in dem, was von Ihnen verlangt wird?
- Wo können Sie anschließen?
- Lassen Sie Ihre Persönlichkeit erkennbar werden, ohne zu trivial oder zu persönlich zu werden!
- Wie führen Sie? Machen Sie Ihren Führungsstil (an dem Sie sich auch messen lassen wollen!) deutlich: Was können Mitarbeiter/innen von Ihnen erwarten, wo geben Sie Orientierung?
- Eine gute Planung kann auch Spontaneität möglich machen: Nehmen Sie Bezug zu aktuellen Ereignissen, gehen Sie ggf. (überlegt!) auf Aussagen ein.
- Folgende Fragen sollten Sie in Ihrer Rede auf jeden Fall beantworten:
  - Welche Person, welcher Mensch sind Sie?
  - Was ist Ihr Programm für die Organisation?
  - Welche Aufgaben und Ziele sehen Sie als vorrangig?
  - Wie verorten Sie sich für die zukünftige Ausrichtung der Organisation?
  - Wo sind Sie noch unentschieden, wo warten Sie noch ab, wo holen Sie sich die Expertise (auch Ihrer Mitarbeiter/innen) ein?
  - Welche wichtigsten Stakeholder/innen wollen Sie wie einbinden, erreichen, einladen?
- Lassen Sie sich helfen: Tragen Sie Ihre Rede einer Person Ihres Vertrauens (am besten ohne Bezug zur aktuellen Position) vor und lassen Sie sich Rückmeldungen geben!

Auch wenn es in Ihrer Organisation (noch) keine Tradition der Einführungsveranstaltung oder der Antrittsrede gibt: Überlegen Sie, wie, wo und mit wem Sie zu Beginn Ihrer neuen Tätigkeit zusammenkommen wollen und sehen Sie dies als Chance der Gestaltung von Kommunikation und Ihrer neuen Tätigkeit als Führungskraft.

Redeanlässe

Es muss nicht immer eine Antrittsrede sein, aber generell sollten neue Führungskräfte eine Möglichkeit und Gelegenheit haben oder sich schaffen, erkennbar zu werden und

Akzente zu setzen. Wenn es kein eigener Anlass ist, so kann ein solcher doch z. B. in einer Mitgliederversammlung, einem Neujahrsempfang, einer Abteilungsleitungskonferenz, einer Besprechung geschaffen werden.

Zeichen setzen

Wenn Sie nicht der begnadete Redner oder die begnadete Rednerin sind und Ihnen bei diesen Zeilen eher mulmig zu Mute ist: Überlegen Sie, welche Kommunikationsform Ihnen für den Einstieg passender ist, z. B. ein Brief an alle, eine E-Mail, ein „Einstand" mit lockerem Zusammensein. Wie auch immer Sie sich entscheiden: Ihr erster „offizieller Auftritt" setzt Zeichen und macht deutlich, wie Sie arbeiten wollen.

2.3 Besprechungen – inspirierend gestalten

Einen großen Teil des Arbeitstages einer Führungskraft verbringt diese mit der Teilnahme an oder der Durchführung von Besprechungen mit Einzelnen, Gruppen oder Gremien. In diese Arbeit kann sehr viel Zeit investiert werden. Sie sollten aber im Interesse der eigenen „Psychohygiene" und eines immer begrenzten Zeitbudgets bei sich und Ihren Mitarbeiter/innen darauf achten, dass die Besprechungszeiten optimal genutzt werden.

Regeln für eine gelungene Besprechung

Dazu scheinen vor allem die folgenden Regeln wichtig zu sein:

- Keine Besprechung ohne Grund und Ziel.
- Jede Besprechung will vorbereitet sein: was ist das Ziel der Besprechung, des Tagesordnungspunktes, wer ist einzubeziehen, welche Gesprächsstrategie wird verfolgt, wie viel Zeit soll maximal verwendet werden?
- Lieber kurze und erfrischende Besprechungen als lange ermüdende Sitzungen.
- Wer sagt, dass Besprechungen im Sitzen stattfinden müssen? Oft sind „Walking Meetings", moderierte oder nicht moderierte Gruppengespräche an einem Stehtisch gute und weiterführende Alternativen zur klassischen Sitzung.
- Die Ergebnisse einer Besprechung sollten für alle Gesprächsteilnehmenden und von dem Gespräch Betroffenen möglichst zeitnah transparent gemacht werden.
- Kalkulieren Sie für jede Besprechung Zeit für die Nachbereitung, Protokollierung und Ergebnissicherung ein.
- Den Mut haben, Besprechungen auch abzusagen, wenn Klärungen anders vorgenommen wurden oder keine Tagesordnungspunkte vorhanden sind.

Für die Durchführung von Besprechungen ist eine Kommunikationskultur erforderlich, die Regeln beachtet und von einer Beteiligung möglichst vieler gekennzeichnet ist. Dabei ist es sehr hilfreich, die unterschiedlichen Temperamente und Charaktere zu beachten und diese „verschiedenen Typen" von Personen adäquat einzubeziehen. Nicht jede Person ist redegewandt und traut sich, in größeren Gruppen zu sprechen. Daher bedarf es einer Motivation, die die gesamte Gruppe im Blick hat und mit unterschiedlichen Methoden dafür Sorge trägt, dass jede Perspektive zu einem Thema beleuchtet wird, das Ziel des Gespräches ebenso im Blick bleibt wie die eigene Perspektive und die Perspektivenvielfalt.

Besprechungsmethoden

Bei Besprechungen bietet sich daher ein Wechsel von Methoden an, die Plenar-, Gruppen- und Einzelarbeit beinhalten. Hier sind die Methoden sehr vielfältig, hier nur einige Beispiele:

- Mauschelrunden: Bewusst zu einer Mauschelrunde, d. h. zu informellen Gesprächen untereinander einladen.
- Partner/innendiskussion: offene Punkte mit der/dem Partner/in besprechen.
- Einzelarbeit: zu einzelnen Fragen Antworten auf ein Kärtchen schreiben oder in der digitalen Variante auf ein Whiteboard oder andere Möglichkeiten notieren.
- Auszeit, Pause: Bewusst, z. B. wenn Diskussionen festgefahren sind, eine Pause einlegen, damit in kleineren Kreisen die Thematik weiter besprochen werden kann.
- Sich Hilfe bei den Teilnehmenden holen und aktiv nach Vorschlägen für die weitere Arbeit nachfragen.
- Plenum teilen: entweder zwei Gruppen oder in Zufallsgruppen (analog z. B. mit vorher an die Teilnehmenden verteilten farbigen Zetteln, digital durch die Einteilung durch Zufall generierte Kleingruppen).
- Plädoyers für eine Meinung halten lassen: Wenn es verschiedene Strömungen im Plenum gibt, bietet es sich an, dass zu jeder Meinung ein Plädoyer gehalten wird, das verkürzt längere Diskussionen und verdichtet die Argumente.
- Stellvertretende Podiumsdiskussion: Vertreter/innen verschiedener Meinungen werden auf das Podium eingeladen und haben die Gelegenheit, ihre Auffassung zu einem Thema in einem kurzen Statement darzustellen, die Teilnehmenden können sich mit Fragen und Anmerkungen an der Diskussion beteiligen.
- Unterschiedliche Möglichkeiten der Beteiligung des Plenums schaffen: z. B. durch Wortmeldungen, durch schriftliche Beteiligung mittels Fragen auf einem Zettel, durch farbige „Stimmzettel", um die Stimmung „einzufangen" (z. B. rot für Ablehnung, grün für Zustimmung, gelb für Enthaltung).

Moderation

Im Übrigen bedeutet Leitung nicht automatisch auch die Sitzungsleitung oder Moderation. Unter Umständen ist es von Vorteil, wenn ein Teammitglied oder auch Teammitglieder alternierend eine Sitzung moderieren. Für die Führungskraft hat dies den Vorteil, sich ganz auf die Führung zu konzentrieren, d. h. den Rahmen zu setzen, Ziele aufzuzeigen und die Mitarbeitenden zu Zielen zu führen.

2.4 Controlling – Informationen zur wirkungsorientierten Steuerung nutzen

Begriffsbestimmung

Controlling wird oft auf Informationen zur Steuerung und Leitung aus dem Finanzbereich verkürzt und beschrieben oder aber mit (einer mehr oder weniger erforderlichen) Kontrolle (→ 3.7 Kontrolle und Aufsicht) verwechselt. Dabei geht es insgesamt um Informationen, die Aufsschluss darüber geben, inwieweit die Aufgaben richtig (operatives Controlling) oder die richtigen Aufgaben (strategisches Controlling) erledigt werden. Vom Wortursprung hat Controlling nichts mit Kontrolle zu tun, sondern ist eher auf „Countrolling" im Sinne von Zählen zurückzuführen und hat eine lange Tradition, wo es z. B. an Königshöfen darum ging, aggregierte Informationen zu erhalten, die für die Steuerung erforderlich sind.

Soziale Organisationen

Da soziale Organisationen per se nicht im Erreichen finanzieller Ziele ihre Hauptausrichtung sehen, muss beim Controlling zunächst einmal überlegt werden, wie die Ziele einer Organisation gemessen oder zumindest beschrieben werden können. Je größer und vielschichtiger eine Organisation ist, umso aufwändiger muss ein Controlling relevante Informationen zur Steuerung und Leitung der Organisation bereitstellen. Für eine Jugendhilfeeinrichtung, die das Ziel hat, zu selbstverantwortlichen und gemeinschaftsfähigen Persönlichkeiten zu erziehen, muss überlegt werden, wie genau diese Ziele beschreibbar und überprüfbar sind.

Zahlen und Finanzströme

Allein die Finanzströme (z. B. die Kosten pro Platz) sagen über diese Ziele wenig bis nichts aus. Sie können aber im Vergleich zu anderen Einrichtungen herangezogen werden (teurer oder preisgünstiger). Dabei bleiben aber z. B. Unterschiede in der Konzeption oder der Methodik außen vor, man läuft Gefahr die berühmten „Äpfel mit Birnen" zu vergleichen. Dies führt dann dazu, dass bei einem Vergleich die Diskussion darüber losgeht, dass dieser wie auch immer unfair ist und weitere Kennzahlen hinzugezogen werden nach dem Motto: „Wir sind zwar teurer, haben dafür aber kleinere Gruppen und andere Methoden." Daher ist es besonders wichtig, die jeweiligen Leistungen und Ergebnisse zu vergleichen und vergleichen zu können.

Wirkungsmodell

Die International Group of Controlling hat ein Wirkungsmodell beschrieben, das für Non-Profit-Organisationen neben dem klassischen Controlling (Effizienz als Verhältnis zwischen Input und Output) stärker die Effektivität im Blick hat und die drei Dimensionen der objektiven Wirkungen („effect"), der subjektiven Wirkungen („impact") sowie der gesellschaftlichen Wirkungen („outcome") beschreibt (vgl. International Group of Controlling 2010, S. 47). Weiterhin werden die unterschiedlichen Anspruchsgruppen einer Non-Profit-Organisation (NPO) berücksichtigt (direkte Wirkungsempfänger/innen, weitere externe Stakeholder/innen, Finanziers und Mitglieder (interne Stakeholder). Zur Charakterisierung einer Non-Profit-Organisation wird ein so genanntes Spinnenmodell zu Rate gezogen, in dem IST und SOLL von verschiedenen Ausprägungen zwischen jeweils zwei Polen deutlich gemacht werden. Wenn man sich z. B. eine Justizvollzuganstalt als Non-Profit-Organisation auf der einen Seite vorstellt und eine Umweltkampagnenorganisation auf der anderen Seite, fällt sofort ins Auge, dass die Finanzierung beider Organisationen ebenso unterschiedlich ist wie der Grad der Formalisierung.

Positionierungsmöglichkeit von NPOs

Hier die einzelnen Pole einer Non-Profit-Organisation, zwischen denen sie sich positionieren kann:

Pol 1	Pol 2
Hauptamtlichkeit	Ehrenamtlichkeit
Dienstleistung	Voicefunktion
Autonomie	Hoher Fremdregulierungsgrad
Bedarfs-/Werteorientierung	Nachfrage-/(Erlös-)orientierung
Interne Zielvorgaben	Externe Zielvorgaben
Beitrags- und spendenfinanziert	Erlösfinanziert
Solidarisch	Kompetitiv
Freiwilligkeit	Zwangsmitgliedschaft
Geringer Formalisierungsgrad	Hoher Formalisierungsgrad

Abbildung 10: Verschiedene Dimensionen bei Non-Profit-Organisationen (vgl. International Group of Controlling 2010, S. 33 bzw. Halfar 2014, S. 774 ff.)

In einem ersten Schritt gilt es, die eigene Organisation zu charakterisieren und die Ausprägung zwischen den beiden Polen deutlich zu machen. Im nächsten Schritt muss überlegt werden, in welche Richtung es bei welcher Dimension Veränderungen geben sollte. Erst dann sollte das Controlling „ins Spiel kommen" und gemeinsam erörtert werden, wie denn welche relevante Entwicklung gemessen und beschrieben werden kann und zwar unter Berücksichtigung der verschiedenen Wirkungsdimensionen und der Anspruchsgruppen. Geht man so vor, wird erkennbar, dass Controlling eine wichtige Funktion für die strategische Steuerung und weniger eine „Zahlensammelfunktion" hat.

Strategische Steuerung, Wirkungsorientierung

Für die neue Führungskraft kann Controlling, wenn es denn zur strategischen Steuerung genutzt wird, eine wichtige Unterstützung sein.

Wie lassen sich Wirkungen messen und beschreiben? Hierzu gibt es verschiedene Modelle. Gerade in der Sozialwirtschaft ist es nahezu utopisch direkt nach einer Maßnahme eine Wirkung festzustellen. Oft sind es komplexere Zusammenhänge, die wirken. Manche Wirkung stellt sich erst langfristig ein. Mitunter ist es ebenso schwer Nebenwirkungen vorauszusagen wie externe Effekte[4] oder Designeffekte[5] ganz auszuschließen. Generell kann Wirkungsmessung nur eine Annäherung an die Wirklichkeit sein. Kränzl-Nagl et al. versuchen mit ihrer Idee der „sozialökonomischen Wirkungsevaluation" ökonomische und sozialwirtschaftliche Perspektiven zusammenzubringen: „Dieser Zwei-Perspektiven-Zugang in der Wirkungsforschung [...] liegt somit ein multidisziplinäres Verständnis zugrunde, das beide Sichtweisen bei der Analyse von Wirkungen berücksichtigt. Dies ermöglicht unter anderem die optimale Nutzung von Erkenntnissen, die in den jeweiligen Disziplinen zum Thema Wirkungsanalyse gewonnen werden konnten" (Kränzl-Nagl et al. 2019, S. 17 f.). In ihrem Modell kommen sie zu den folgenden Schlussfolgerungen:

- Eine Messung benötigt ein Wirkungsmodell
- Bei den Wirkungszielen und -indikatoren gilt: weniger ist mehr
- Den Gegenstand nicht zu groß dimensionieren
- Einen Dialog über Wirkungen forcieren und über Wirkung reden
- Dokumentationen haben nur eine begrenzte Verwertbarkeit
- Messungen sind Herausforderungen für die Praxis
- Eher prozessual statt punktuell messen
- Berichtswesen: wirkungsorientiert anlegen
- Auch Wirkungsevaluation wirkt
- Wirkungsevaluation benötigt Ressourcen
- Mit ökonomischen Wirkungsmessungen vorsichtig sein

(vgl. Kränzl-Nagl et al. 2019, S. 265–270).

[4] Effekte, die nicht durch eine Intervention entstehen, aber dennoch in eine gewünschte Richtung wirken.

[5] Effekte, die allein dadurch entstehen, dass gemessen wird.

Zwar wird in der Sozialwirtschaft viel über Wirkungsorientierung und -messung gesprochen, diskutiert und experimentiert, die Praxis zeigt aber, dass hier vorsichtig vorgegangen werden muss und vor allem die Zielsetzung der Organisation handlungsleitend sein muss.

Leitfragen zur Wirkungsmessung

Als Orientierung können die folgenden zwölf Leitfragen dienen:

1. Welche Wirkung bezogen auf Adressat/innen und den Grad der Objektivität bzw. Subjektivität ist gemeint?
2. Welcher Wirkungszeitraum oder -zeitpunkt ist im Blick?
3. Um welche Art der Wirkung handelt es sich? (intendierte oder nicht intendierte Wirkung, Nebenwirkung oder Designwirkung)?
4. Welche Dimensionen und welche Indikatoren von Wirkung finden Berücksichtigung?
5. Welche Kausalitäten und Richtungen der Kausalitäten liegen zwischen der (vermuteten) Wirkung und ihrer (vermuteten) Ursache?
6. Welcher erkenntnistheoretische Hintergrund liegt der Forschung bzw. Wirkungsorientierung zugrunde?
7. Welche Annahmen über die Wirkung sind vorhanden?
8. Welche Abgrenzungen und Ausblendungen werden bewusst oder weniger bewusst vorgenommen?
9. Welche Methoden und Methodologien liegen der Forschung zugrunde?
10. Wie werden Ergebnisse verwendet, gestreut?
11. Werden verschiedene Perspektiven einbezogen?
12. Was sind die Bedingungen, unter denen sich die Wirkung entfaltet?

(vgl. Schneider 2020b, S. 64)

Diese Auflistung zeigt schon die Schwierigkeit, aber auch die Unschärfe aller vermeintlich so klaren Wirkungsforschungs- und Wirkungsorientierungsansätze.

2.5 Gesprächsnotizen – Notwendiges knapp notieren

Es muss grundsätzlich nicht alles dokumentiert und berichtet werden, aber: Es hilft sehr, sich bei wesentlichen Gesprächen Notizen zu machen und sein eigenes Zeitmanagement so zu gestalten, dass Zeiten vorgehalten werden, um Wesentliches aus einem Gespräch zu notieren und damit auch zu reflektieren. Vor allem sind wesentliche Argumente, Ideen, Entscheidungen, Vereinbarungen wichtig, die ggf. auch in anderen Gesprächen nützlich sein können. Dazu gibt es ganz unterschiedliche Möglichkeiten:

- Persönliche „Kladde", die wesentliche Gesprächsinhalte für die eigene Arbeit festhält.
- Offizielle Gesprächsnotiz, die allen teilnehmenden Personen nach einem Gespräch zur Verfügung gestellt wird.

- Protokoll (→ 2.10 Protokolle).
- Führen einer persönlichen „To Do-Liste", um zugesagte Dinge nicht aus dem Blick zu verlieren. Ganz wichtig ist es auch, ggf. eine Rückmeldung zu geben, weshalb eine Zusage noch nicht oder nicht eingehalten werden kann.

Gerade am Anfang, an dem die Bedeutung aller Gespräche noch nicht erkennbar ist, empfiehlt es sich, als für wichtig empfundene Punkte zu notieren. Bedacht werden muss dabei, dass gerade bei vielen digitalen Möglichkeiten der Notizerstellung der Datenschutz Beachtung findet und Aufzeichnungen auf keinen Fall in falsche Hände gelangen dürfen.

Leitfragen zu Notizen

Vielleicht können folgende Fragen für die Erstellung und den Umgang mit Gesprächsnotizen handlungsleitend sein:

- Wie werden Notizen angefertigt?
- Wer soll Zugang zu den Notizen haben, wer nicht?
- Wann werden die Notizen weiterverarbeitet, verdichtet bzw. wann auch vernichtet?
- Welche Notizen werden für weitergehende Dokumentationen benötigt (das dürfte gerade im Personalbereich von Bedeutung sein, z. B. für Beurteilungen (→ 4.17 Zeugnis)?
- Wann werden die Notizen angefertigt (möglichst direkt!)?
- Wie ist die Kultur der Gesprächsnotizen in der Organisation? (ggf. werden Notizen direkt bei einem Gespräch als störend empfunden oder als „geheime Überwachung" angesehen; daher empfiehlt es sich, so transparent wie möglich damit umzugehen).

2.6 Gremien – zielorientierte Kommunikationsrunden

Gremien benötigen eine Zielsetzung und eine Aufgabe, wenn möglich sogar eine bestimmte Zeit, denn ein Gremium sollte nicht über die Aufgabenerledigung hinaus bestehen. Wichtig für ein effektives Gremium sind eine klare Tagesordnung, eine verbindliche Geschäftsordnung, die das Handeln im Streit- und Konfliktfall verbindlich regelt, und last but not least eine gute Moderation (diese muss nicht zwangsläufig durch die Leitung des Gremiums erfolgen).

Zielsetzung, Aufgabe

Jedes Gremium benötigt eine klare Zielsetzung dergestalt, dass für alle Gremienteilnehmenden deutlich wird, wozu das Gremium dient, welche Ergebnisse von ihm erwartet werden und wie die Abgrenzung zu anderen Verantwortlichkeiten in der Organisation geregelt ist. Dies sollte möglichst schon vor der ersten Gremiensitzung feststehen und Thema etwa einer konstituierenden Sitzung sein. Oft hilft, gerade bei Gremien, die z. B. per Satzung eines Vereins bestehen, ein Blick in die entsprechend vereinbarten Grundlagen.

Dauer

Ob ein Gremium auf Dauer oder auf Zeit besteht, sollte vorher feststehen. Auf Zeit bietet sich ein Gremium, beispielsweise als Arbeitskreis oder Projektgruppe an, wenn es darum geht, ein festes Ergebnis innerhalb einer bestimmten Zeit zu erreichen. In einem solchen Fall muss auch entschieden werden, wer wann das Gremium wieder „auflöst".

Regeln, Geschäftsordnung

Das Arbeiten in einem Gremium, in dem es zwangsläufig auch Konflikte, unterschiedliche Interessen und ein gewisses Maß an Chaos gibt oder geben kann, wird einfacher, wenn man sich auf eine Geschäftsordnung verständigt hat, die Grundregeln des Miteinanders festlegt. Eine solche Geschäftsordnung sollte vor allem Regelungen zu den folgenden Bereichen enthalten:

- Welche Fristen sind zu beachten (Einladungen schriftlich oder elektronisch, Antragsfristen, Einspruchsfristen zur Genehmigung eines Protokolls)?
- Wer ist stimmberechtigt (wer beratend, wer darf mitreden, wer wird angehört)?
- Welche Regeln werden zur Beschlussfähigkeit getroffen (wann ist ein Gremium beschlussfähig, wann nicht und mit welchen Konsequenzen)?
- Wie werden Entscheidungen mit welchen Mehrheiten getroffen (einfache, absolute oder qualifizierte Mehrheit)?
- Mit welcher Befugnis werden z. B. Ausschüsse oder Untergremien gebildet (sollen diese nur beraten oder auch entscheiden können)?
- Wer nimmt wie den Vorsitz wahr (eine bestimmte Person, verschiedene Personen abwechselnd, externe Moderation)?
- Wie sollen Ergebnisse festgehalten werden (Art des Protokolls: Verlaufsprotokoll (aufwändig, zeigt aber die Argumentationen auf) oder Ergebnisprotokoll (einfach, listet übersichtlich die Ergebnisse und Verantwortlichkeiten auf) (→ Protokolle)?
- Wie können Teilnehmende Einfluss auf die Diskussion nehmen (z. B. durch Geschäftsordnungsanträge)?
- Wie kommen Personen in Ämter (Regelungen zum aktiven und passiven Wahlrecht)?
- Wie werden Anträge behandelt (Wer darf bis wann welche Anträge stellen)?

Eine gute Grundlage für Regelungen einer Geschäftsordnung ist z. B. die Geschäftsordnung des Deutschen Bundestages, die sehr viele Einzelfragen regelt; es empfiehlt sich aber auch ein Blick in andere Geschäftsordnungen.

Ein Gremium existiert als verfasste Struktur, die gemeinschaftliche Entscheidungen treffen kann und somit Mitbestimmung und demokratische Verfahren ermöglicht.

Um eine lebendige Gremienarbeit zu entwickeln, müssen sich alle Gremienmitglieder über die Regeln im Klaren sein und diese einüben. So sind z. B. Anträge zur Geschäftsordnung ein gutes Mittel, um auch ohne Moderationsfunktion, die Sitzung und deren Verlauf als einzelnes Mitglied zu beeinflussen. Anträge zur Geschäftsordnung sind z. B. die folgenden:

- „Vertagung der Versammlung
- Absetzen des Verhandlungsgegenstandes von der Tagesordnung
- Übergang zur Tagesordnung
- Nichtbefassung mit einem Antrag
- Vertagung eines Verhandlungsgegenstandes
- Verweisung an einen Ausschuss

- Sitzungsunterbrechung
- Schluss der Debatte [...]
- Begrenzung der Redezeit
- Verbindung der Beratung
- Ausschluss der Öffentlichkeit
- Vertraulichkeit der Beratung
- Besondere Form der Abstimmung
- Feststellung der Beschlussfähigkeit
- (Wiederholung der) Auszählung der Stimmen
- Worterteilung zur Abgabe einer persönlichen Erklärung
- Erklärung außerhalb der Tagesordnung
- Wiederaufnahme der Sachdiskussion"

(Meier 2011, S. 98).

In vielen Geschäftsordnungen ist geregelt, dass dem Geschäftsordnungsantrag stattgegeben wird, wenn keine Gegenrede erfolgt. Erfolgt eine Gegenrede, so muss diese begründet werden. Danach wird dann über den Geschäftsordnungsantrag abgestimmt.

Besprechungsform

Gremium heißt nicht zwangsläufig auch „Sitzung" (→ 2.3 Besprechungen). Gerade modernere Erkenntnisse über Bewegung und Gehirntätigkeit legen nahe, dass die besten Ideen selten in sitzender Haltung kommen, sondern je nach Aufgabe und Tagesordnungspunkt bieten sich Walking Meetings ggf. ebenso an wie „Mauschelpausen", Klausurtagungen außerhalb der Organisation, fachliche Inputs, die Nutzung von Medien, etc.

Tagesordnung

Für die Tagesordnung ist es sinnvoll, schon vor Beginn der Sitzung festzulegen, ob es sich um einen Informations-, einen Beratungs- oder Entscheidungspunkt handelt. Nicht umsonst gibt es in Parlamenten eine Übung von „erster und zweiter Lesung". Allgemein auf Gremien bezogen sollte keine Entscheidung vorgenommen werden, wenn nicht alle Teilnehmenden in gleicher Weise über den Gegenstand und die Tragweite einer Entscheidung informiert sind und nicht bevor verschiedene Meinungen und Argumente ausgetauscht worden sind.

2.7 Informationen – alle benötigen die für sie relevanten

Gezielter Umgang mit Information

Generell sind Informationen, gerade in einer Informationsgesellschaft, vielfältig und umfangreich, sie ersetzen aber keineswegs eine Kommunikation. Dennoch ist es wichtig, Informationen zielgerichtet zu verbreiten: Nicht jede Person benötigt alle Informationen, sondern jede Person in einer Organisation benötigt alle für ihren Arbeitsbereich relevanten Informationen. So gesehen ist sowohl das Zuviel an Informationen („Overload", mangelnde Orientierung) noch das Zuwenig an Information (Zurückhalten von Information oder Zentralisierung von Information) in einer Organisation schädlich und kann in beiden Fällen als „Herrschaftswissen" gebrandmarkt werden in dem Sinne, dass entweder Wissen vorenthalten wird oder zu viele Informationen den Überblick über relevante und nicht relevante Informationen erschweren.

Informationsfluss

Ein Beispiel aus der Tierwelt mag als Beispiel für einen gezielten Umgang mit Informationen dienen: Beim Oktopus laufen nicht alle Informationen über das „zentrale" Gehirn, sondern die Arme des Oktopus verarbeiten „vor Ort" die Informationen und beteiligen, wenn notwendig, die Nachbararme, ohne dass das zentrale Gehirn hiervon „informiert" wird. Für den Informationsfluss in einer Organisation kann diese Analogie helfen, Informationen zielgerichtet zu verbreiten, für die Führungskraft auch eine gewisse Erleichterung im Umgang mit Informationen bringen:

- „Das zentrale Gehirn kann und muss nicht alles wissen: Die Zentrale bedarf nur der wesentlichen Informationen.
- Die einzelnen Arme agieren, ohne alle Informationen an die Zentrale zu geben. Die operativen Einheiten können die Informationen, die sie (im Kundenkontakt) erhalten, selbst nutzen und einsetzen.
- Wesentliche Informationen werden zeitnah an die Zentrale weitergegeben: Die Zentrale braucht gebündelte und aggregierte Informationen über das operative Geschehen.
- Die benachbarten Ganglien erhalten Informationen: Abteilungen müssen miteinander kooperieren können, ohne alle Informationen an die Zentrale weiterzugeben.
- Austausch der Informationen über neuronale Ringe: Abteilungen müssen auch überlegen, welche der Informationen für die jeweils andere Abteilung von Bedeutung sein kann".

(Schneider 2020a, S. 2 f.).

So ist z. B. im E-Mail-Verkehr sowie in den sozialen Medien stets zu überlegen, wer für welche Zwecke die Informationen (in Kopie bzw. „cc") benötigt und wer nicht. Dies bedarf einer stetigen Übung und zeitweisen Überprüfung.

Prinzipal-Agent-Theorie

Die Prinzipal-Agent-Theorie geht davon aus, dass es u. a. Informationslücken zwischen verschiedenen Ebenen gibt und dass z. B. zwischen Führungskraft (Prinzipal) und Mitarbeiter/innen (Agenten) unterschiedliche Informationsstände existieren. So kann z. B. eine Pflegedienstleitung nicht all die Informationen haben, die auch die Pflegeperson hat. Oder aber zwischen Auftraggeber/innen und Auftragnehmer/innen bestehen Unterschiede in der Information (asymetrische Informationsverteilung oder hidden information). Ähnlich verhält es sich mit Handlungen, die ein Agent durchführt, die aber für einen Prinzipal nicht beobachtbar sind (hidden action) (vgl. Kräkel 2006, S. 4590). Die verborgenen Informationen und Handlungen lassen sich nicht gänzlich „aufdecken", zumal ein solches Unterfangen einen zu hohen Ressourceneinsatz erfordern würde. Auch Verträge und Vereinbarungen können hier nur wenig zur Aufdeckung beitragen. Schließlich sind Verträge immer nur unvollständig und können nie alle zukünftigen Entwicklungen voraussehen.

Wissensmanagement

Ein weiterer Bereich der Weitergabe von Informationen in einer Organisation ist das Wissensmanagement: Hiermit ist gemeint, wie das Wissen einer Organisation gespeichert, zugänglich und weitergegeben wird. Oft stellt sich diese Frage beim Ausscheiden von Mitarbeiter/innen aus einer Organisation. Dann wird deutlich, dass es viele Informationen und Wissensbestände gibt, die meist nicht festgeschrieben oder dokumentiert, aber wesentlich für die Organisation sind (z. B. Informationen über Beziehungen, über Abläufe, über gescheiterte Versuche und Bemühungen, etc). Wenn eine Person aus einem Unternehmen ausscheidet oder das Unternehmen wechselt, nimmt sie Wissen mit, gerade informelles oder Hintergrundwissen ist oft entscheidend. Dies zeigt sich meist dann, wenn man die Person „nicht mehr fragen kann" oder auf kurzem Wege eine „Auskunft" benötigt. Der Aufbau eines Wissensmanagements ist keinesfalls kurzfristig möglich, scheint aber lohnend, denn Wissen und Informationen sind für eine Organisation eine wichtige nicht zu unterschätzende Ressource.

Ein guter Einstieg zur Weitergabe von Wissen ist z. B. die Information der Organisation über die Inhalte einer erfolgten Fortbildung. Vielfach bleibt dieses Wissen einzelner Personen der Organisation verschlossen, genauso wie die Information z. B. über interessante und wichtige gelesene Publikationen oder hilfreiche Medien.

Für die neue Führungskraft ist der Umgang mit Informationen bedeutsam. Selten sind klare Informationsflüsse oder ein dezidiertes Wissensmanagement vorhanden, hier ist mittelfristig zu überlegen, auch unter Berücksichtigung von Aufwand und Ertrag, wie sowohl Informationen als auch Wissen in einer Organisation gemanagt werden sollen und müssen.

2.8 Kommunikationskultur – auch der Flurfunk hat seine Berechtigung

Genauso wie die Führungskraft nicht alles wissen kann, was in der Organisation vor sich geht, so kann die Führungskraft auch nicht jede interne Kommunikation vollständig wahrnehmen oder gar kontrollieren. Letzteres muss und sollte sie auch nicht.

Informale Kommunikation

So wird es in einem Unternehmen immer Kommunikationskanäle und Möglichkeiten geben, an den offiziellen Kommunikationskanälen vorbei zu kommunizieren. Grundsätzlich ist eine informale Kommunikation weder gut noch schlecht. Sie kann Ideen befördern, Entscheidungen herbeiführen und kann auch gezielt eingesetzt werden, z. B. durch Mauschelpausen bei Gremiensitzungen oder durch hierarchieübergreifende Begegnungsmöglichkeiten (→ 2.3 Besprechungen, 2.6 → Gremien).

Eine Führungskraft kann Gerüchte und den Flurfunk einigermaßen reduzieren, wenn jede Person die für sie notwendigen Informationen erhält (→ 2.7 Informationen) und in der eigenen Kommunikation für Klarheit sorgt.

Tipps zum Gegensteuern

Dazu sind vom ersten Tag an die folgenden Punkte bedeutsam und hilfreich:

- Wesentliche, für alle wichtige Informationen müssen möglichst zur gleichen Zeit an alle gelangen.
- Vermeiden Sie Entscheidungen „im Hinterzimmer" und ungleiche Informationsvorsprünge auf einer Ebene der Organisation.
- Gehen Sie Gerüchten direkt und möglichst sofort nach und geben Sie die Informationen nach außen.

- Flurfunk und Gerüchte erfüllen zuweilen auch den Zweck der „Psychohygiene" in einer Organisation bzw. einer Abteilung.
- Falschinformationen oder „Fake News" sollten sofort richtiggestellt bzw. durch Fakten ersetzt werden.
- Beachten Sie die Ebenen und Kanäle, in denen Sie Informationen weitergeben.
- Unter Umständen kann es auch Sinn ergeben, wenn Sie „informelle Kanäle" nutzen, um an zusätzliche Informationen zu gelangen, nutzen Sie aber generell die offiziellen Wege.
- Versuchen Sie nicht informale Kommunikation zu unterbinden, sondern fragen Sie eher danach, welchen Zweck sie erfüllt, und überlegen Sie, wie der Zweck dieser Kommunikation ggf. anders und besser für die Organisation erfüllt werden kann.
- Schaffen Sie bewusst Möglichkeiten der Begegnung über Hierarchieebenen hinweg, um hilfreiche und produktive Netzwerke zu entwickeln.

Gerüchte, Fake News

Gerüchte können auch „giftig" sein und die Stimmung beeinflussen. Gerade in den sogenannten „sozialen" Medien verbreiten sich Falschmeldungen deutlich schneller als Fakten, weil mehr oder weniger naturgemäß Sensationen neugieriger machen als allgemeine Fakten. Teilweise bedienen sich Personen aber auch rhetorischer Mittel, wie beispielsweise Paralipsen, „Ich sage nicht, dass ..." oder in Andeutungen oder vermeintlichen Mehrheitsmeinungen wie „Man hört über Sie nichts Gutes". Damit ist ein Gerücht in der Welt und die Person schiebt bewusst oder unbewusst die Verantwortung von sich weg, nach dem Motto „ich habe das ja nicht gesagt".

Die Art der Kommunikation trägt auch zu einer umfassenden Gesundheit dar. Man unterscheidet zwischen einer inkongruenten und einer kongruenten Gesprächsführung. Erstere ist z. B. durch Machtmissbrauch und Intrigen gekennzeichnet und „führt zu einer Kette von Belastungen, die der Person als „soziales und personales Wesen" schaden, Organisationen in eine Schieflage bringen und einen ‚Virus' für die Gesellschaft darstellen" (Mann 2020, S. 107). Eine kongruente Gesprächsführung hat dagegen eine Fülle positiver Wirkungen:

- Motivation
- Lebensfreude
- Schutz des Gehirns im psychosomatischen Sinn
- Unterstützung des Selbstwertes und der Selbstwirksamkeit
- Kreativität und Schaffenskraft
- Gute Beziehungen
- Besseres Betriebsklima
- Positive Impulse im gesellschaftlichen Kontext
- Soziales Kapital.

(vgl. Mann 2020, S. 107).

Offene Kommunikationskultur

Als neue Führungskraft sollten Sie sich zwar nicht allzu sehr von Gerüchten beeindrucken lassen, aber durch Ihr Handeln dafür sorgen, dass die Kommunikationskultur offener wird im Sinne einer o. g. kongruenten Gesprächs- und Kommunikationskultur und auch kritische Dinge gesagt werden dürfen, ohne dadurch negative Konsequenzen zu erhalten. Entlarven Sie Floskeln und lassen Sie Kritik an Ihrem Führungsstil zu. Manchmal haben Gerüchte auch die Funktion, Sie zu testen oder zeigen auf, dass Dinge nicht geklärt sind oder Mitarbeiter/innen nicht ausgelastet sind. In einem hochkonzentrierten Team, das zielorientiert an einer Aufgabe arbeitet, braucht es keine Gerüchte. Als Faustregel kann gelten, je repressiver und autoritärer ein Führungsstil, umso notwendiger sind geheime Absprachen, Verschwörungen und Gerüchte. Kontrollieren Sie nicht zuletzt auch Ihren eigenen Kommunikationsstil: Reden Sie schlecht bei Mitarbeiter/innen über andere Mitarbeiter/innen, hat dies weder eine gute Vorbildfunktion, noch schafft es Vertrauen. Und: wiederholen oder verbreiten Sie von sich aus keine Gerüchte.

Agile Führung

Informale Strukturen können gerade bei agilen Organisationsformen im Bereich von Innovation und Flexibilität wichtig sein; so lautet denn die Empfehlung zur Umsetzung agiler Führung: „Stärken Sie informale Strukturen, um Agilität zu fördern. Hierfür eignen sich hierarchieübergreifende Formate und kreative Austauschbereiche zur Unterstützung der Kommunikation" (Fraunhofer-Institut 2020, S. 20).

Veränderung in der Organisations- und Kommunikationskultur

Tendenziell scheinen sich die Organisations- und Kommunikationskulturen in Organisationen zu verändern. Hoop sieht die folgenden Veränderungen in der Transformation, die sich wesentlich auch in einer anderen Haltung und Kommunikation zeigen:

- „von Autoritäten ... zur Intelligenz der Vielen
- vom Geld als Ziel ... zu gesellschaftlichen Zielen
- von Regulierung ... zu Offenheit und Beteiligung
- von Geheimhaltung ... zu maximaler Transparenz
- von Effizienzdenken ... zur Sorge um den Kunden
- vom Patent- und Markenschutz ... zum Teilen von Ideen
- von Strukturen und Prozessen ... zu Menschen und Bedürfnissen
- vom Ressourcenverbrauch ... zu Kreisläufen
- von Misstrauen ... zu Vertrauen".

(Hoop 2014, S. 26).

Genau diese Veränderungen in den Haltungen lassen dann auch informale Kommunikationsformen zu und messen ihnen einen Wert für die Erreichung von Unternehmenszielen bei.

Leitlinien

Vielleicht sind die folgenden beiden Leitlinien franziskanischer Führung im Umgang mit der Kommunikationskultur wertvolle Hinweise:

„Schaffe keine „Nebenschauplätze, auf denen du mit Einzelnen Sonderabkommen triffst. Was du mit Einzelnen absprichst, geht alle an" (Arens 2017, S. 114) und

„Sei sensibel für Störungen, die du bei deinen Untergebenen wahrnimmst; sprich diese Störungen an und bearbeite sie mit der Gemeinschaft" (a. a. O., S. 115).

2.9 Öffentlichkeitsarbeit – Gutes tun und darüber reden

In einer von Medien beeinflussten Gesellschaft ist es erforderlich, sich auch der Medien zu bedienen und diese zu nutzen. Die englische Bezeichnung „Public Relations" geht hier etwas weiter, lässt sie doch erkennen, dass es sich hier um eine Beziehung zur Öffentlichkeit handelt und weniger um „Informationsaufgabe". In jedem Fall spielt das aktive Bemühen eine große Rolle. Gerade größere Organisationen bedienen sich hier professioneller Kommunikationsmanager/innen, die die Eigendynamik der Medien kennen. Leider bringt es die mediale Gesellschaft mit sich, dass vielfach nur diejenigen Organisationen Beachtung finden, die in den Medien unterschiedlichster Art vorkommen und über die berichtet, informiert oder kommuniziert wird. Sicher ist zu bemängeln, dass in der Dynamik der Medien viele Informationen mit Absicht dramatisiert, übertrieben und in das jeweilige Medienformat gepresst werden, die vergleichsweise wenig berichtenswert sind.

Krisen und Skandale

Dennoch sollte jede Organisation eine aktive, wahrhaftige und sinnvolle Beziehung zu relevanten Öffentlichkeiten aufbauen und sich nicht erst in Zeiten von Krisen oder Skandalen zur Öffentlichkeitsarbeit „treiben lassen". Immer wieder zeigen Skandale unterschiedlichster Art, wie unprofessionell gerade Organisationen aus dem Non-Profit-Bereich mit Kommunikation umgehen und oft den Skandal damit noch vergrößern und die Medienberichterstattung dadurch erst unkalkulierbar machen.

Funktionen von Öffentlichkeitsarbeit

Öffentlichkeitsarbeit geht davon aus, dass eine Organisation ihr eigenes Bild in der Öffentlichkeit mit beeinflussen kann.

Wichtige Funktionen sind die folgenden:

- Brückenbauer/in zwischen Absender/in und Gesellschaft;
- Der Absender/Die Absenderin muss seine/ihre Absichten deutlich machen, um Anerkennung bzw. Imagegewinn zu erhalten;
- Aufwertung des Images des Absenders/der Absenderin;
- Werbung um Verständnis für die Interessen des Absenders/der Absenderin;
- Dialog zwischen Absender/in und Zielgruppen.

(vgl. Kraus-Weysser 2002, S. 9).

Wahrhaftigkeit, Reputation

Neuere Modelle von Public Relations gehen stärker davon aus, dass es gelingen sollte, zu überzeugen und in den Dialog zu treten, weniger um Propaganda-, Werbe- oder Informationsaufgabe (vgl. Avenarius 2000, S. 86 ff.). Damit ist das Handeln stärker auf ein nachhaltiges (positives) Bild ausgerichtet und hat eine Nähe zum (→ 1.8) Marketing. In ähnlicher Weise muss Öffentlichkeitsarbeit wahrhaftig sein und das vermittelte Bild sollte dem tatsächlichen Bild entsprechen. Dies wohlwissend, dass gerade in einer medialen Welt nicht selten Unwahrheiten, gefühlte Wahrheiten oder einfach nur von einer Mehrheit ersehnte Erzählungen und Geschichten eine höhere Reichweite haben und ihnen mehr Bedeutung beigemessen wird als Wahrheiten. Dennoch sind Organisationen im Feld des Sozialen und der Gesundheit auf ein hohes Maß an Reputation angewiesen und daher ist gerade hier keine Propaganda oder Werbung angebracht. Was aber auch hier von hoher Bedeutung ist, ist, dass die Botschaft und Nachricht dem jeweiligen Format entsprechen muss; so ist eine wissenschaftliche Sprache in einer

Tageszeitung ebenso fehl am Platze wie umgangssprachliche Bezeichnungen in einer angesehenen Wissenschaftszeitschrift.

Beeinflussung, Manipulation

Kurzfristig kann Öffentlichkeitsarbeit Wissen und Vorstellungen verändern, Meinungen beeinflussen, längerfristig können sich Einstellungen, Verhaltensänderungen und gesellschaftliche Veränderungen ergeben (vgl. Kraus-Weysser 2002, S. 41). Wie jedoch können Menschen zu Veränderungen bewogen werden und ist dies nicht mit Manipulation gleichzusetzen?

Nudging

Dieser Frage muss man sich stellen, so etwa beim Nudging, also dem Anstoßen von Verhaltensweisen. Beispielsweise entscheiden sich mehr Menschen zu einer Organspende, wenn sie dieser aktiv widersprechen müssen als wenn sie sich aktiv dafür erklären müssen. Hier ist auch die Frage nach der Manipulation zu stellen bzw. die Frage nach einer Ethik eines solchen Nudgings (vgl. Thaler und Sunstein 2017). Um Veränderungen bei anderen zu erreichen, müssen Gefühle angesprochen werden, reine Fakten allein überzeugen nicht: „Wenn Sie jemanden mit neuen Daten versorgen, wird er alle Belege bereitwillig übernehmen, die seine vorgefasste Meinung bestätigen, Gegenbeweise hingegen kritisch beäugen (man bezeichnet das als Überzeugungs-Bias)" Sharot 2017, S. 29). Wem es gelingt, Emotionen anzusprechen, der vermag auch Menschen zu beeinflussen: „Gefühle sind also eine der intensivsten Möglichkeiten, einander zu beeinflussen. Ideen miteinander zu teilen, erfordert meist Zeit und Anstrengung. Emotionen hingegen lassen sich auf der Stelle und ohne Aufwand weitergeben" (a. a. O., S. 65f). Das menschliche Gehirn ist so gebaut, dass Emotionen einfacher und schneller verarbeitet werden können als umfassende Informationen. Dieses sollte man sich auch bei der Kommunikation im Feld der Öffentlichkeit zu Nutze machen. Einen komplizierten Sachverhalt in einem Radio-Interview mit wenigen Worten bildreich in Sprache zu bringen, bringt deutlich mehr Effekte als sich (an dieser Stelle) um wissenschaftliche Exaktheit zu bemühen.

Regeln für die Zusammenarbeit mit Medien

Wenn von einer Beziehung zur Öffentlichkeit die Rede ist, so muss diese auch professionell gestaltet werden. Kraus-Weysser nennt hier grundlegende Regeln, die für die Zusammenarbeit mit allen Medien gelten, die aber sicherlich der Dynamik und Eigenlogik der einzelnen Medienkanäle angepasst werden müssen. So muss die Nutzung „sozialer" Medien[6] sehr viel aktueller sein als z. B. die Zusammenarbeit mit einer lokalen Zeitung. Wichtige Regeln für eine erfolgreiche Öffentlichkeitsarbeit sind die folgenden:

- Ständiger Informationsaustausch
- Verständnis für Medien in der Organisation fördern
- Alle Medien gleich behandeln
- Medien lassen sich nicht umerziehen
- Glaubwürdigkeit innerhalb der Organisation wie gegenüber den Medien
- Service, Schnelligkeit und Kompetenz

[6] Das Wort „soziale" Medien wird hier in Anführungsstriche gefasst, da es sich um eine Übersetzung aus dem Englischen handelt, wo social u. a. auch „gesellig" bedeutet und dies ja den Kern dieser Medien besser trifft. Mit „sozial" im Sinne von gemeinnützig, karitativ, haben diese Medien nichts gemein.

- PR-Macher/innen müssen alles über ihre Kund/innen wissen (auch und gerade das, was nicht in die Öffentlichkeit gelangen soll)

(vgl. Kraus-Weysser 2002, S. 51).

Hier noch eine Übersicht über Eigenheiten und Eigendynamiken einzelner Medien:

Medium	Kennzeichen	Eigendynamik	Beispiel
Tageszeitung	Feste Leserschaft, oft lokal verbunden	Bezug zu Ausrichtung bzw. zur Region muss gegeben sein	*Bericht über Tag der offenen Tür*
Fachzeitschrift	Eigene Fachsprache	Muss die Fachwelt ansprechen	*Neue Behandlungsmethode für eine bestimmte Krankheit*
Radiosender	Sehr breites Publikum	Kurz, prägnant und allgemeinverständlich	*Beispiel für eine aktuelle Entwicklung*
Fernsehen	Bilder dominieren, auch in der Sprache zu beachten	allgemein	*Illustration zu einem aktuellen Thema*
Internet	Schnelllebig, aber dauerhafter Zugriff auf Daten ist möglich	Schwierige Möglichkeit der Löschung von Daten	*Aktuelle Hinweise, Zugriff auf Dokumente, Servicefunktionen können im Internet vorgehalten werden*
„soziale“ Medien	Geschwindigkeit und Verbreitung unkontrollierbar	Je skandalöser, umso schneller verbreiten sich die Nachrichten, keinerlei Redaktion	*Hinweis auf eine Veranstaltung, Meinung zu einem Thema*
Generell	***Nachricht muss in das jeweilige Format passen, die Nachricht muss einen „Nachrichtenwert“ haben, also berichtenswert sein***		

Abbildung 11: Eigenheiten und Eigendynamiken verschiedener Medien (eigene Darstellung)

Je größer eine Organisation, umso eher sollte die Öffentlichkeitsarbeit in die Hände von Professionellen gelegt werden. Eine neue Führungskraft sollte sich sehr bald über das Bild der Organisation in der Öffentlichkeit informieren und vor allem die Öffentlichkeitsarbeit nicht dem Zufall überlassen, sondern im Sinne der Public Relations die Beziehung zur relevanten Öffentlichkeit suchen. Dies zahlt sich mittel- und langfristig aus und hilft auch in Krisen oder bei Skandalen diese Kommunikation aktiv zu gestalten und gerade dann nicht den Medien mehr oder weniger „ausgeliefert“ zu sein.

2.10 Protokolle – als aktive Dokumente nutzen

Für Protokolle gilt: so knapp wie möglich, so ausführlich wie nötig. Bedenken Sie bitte bei aller Dokumentationsnotwendigkeit: Ihre eigentliche Arbeit und die Ihrer Organisation liegt nicht im Schreiben von Dokumenten, sondern in der Arbeit an den Ergebnissen, die über die Organisation herausragen und hinausweisen. Daher sollten Sie in Ihrem Verantwortungsbereich darauf achten, dass Protokolle nicht zur Selbstbeschäftigung werden, sondern zur Nachvollziehbarkeit und Dokumentation von Entscheidungen, Verantwortlichkeiten und Vereinbarungen.

Tipps zur Erstellung

Folgende Tipps können hier hilfreich sein:

1. „Schon vor der Sitzung ein Zeitfenster für die Erstellung des Protokolls festlegen – am besten unmittelbar nach der Sitzung.
2. Das Protokoll spätestens einen Tag nach der Sitzung erstellen (dann kann man sich noch gut an die Sitzung erinnern).
3. Zügig, am besten innerhalb von drei Tagen, mit den Verantwortlichen (Sitzungsleitung, Vorsitz) das Protokoll abstimmen.
4. Spätestens eine Woche nach dem Termin sollte das Protokoll alle erreichen.
5. Anmerkungen zum Protokoll sollten dann ebenfalls sehr schnell erfolgen.
6. Unter dem Punkt „Protokoll" bzw. „Beschlusskontrolle" fließen die Anmerkungen zum Protokoll bzw. die Beschlüsse in die nachfolgende Sitzung ein".

(Schneider 2019a, S. 70).

Aufteilung der Aufgabe

Die sogenannte „Macht des Protokolls" ist nicht zu unterschätzen. Es kann nicht schaden, die Aufgabe der Protokollierung zum einen zu delegieren, zum anderen „reihum" erledigen zu lassen. So wird die Arbeit gleichmäßig verteilt und die „Macht des Protokolls" wird nicht auf eine Person beschränkt, die allein die Herrschaft über die Beschlüsse und Dokumentation eines Gremiums oder einer Sitzung besitzt.

Nutzen des Protokolls

Der Umgang mit Protokollen erfolgt ganz unterschiedlich: Manche heften sie ab, andere beachten sie kaum, manche achten akribisch auf jedes Wort im Protokoll und wieder andere nutzen Protokolle zur persönlichen Profilierung, indem sie lange Ergänzungen hinzufügen und über jedes Detail noch einmal diskutieren. Machen Sie sich und anderen klar: Ein Protokoll dient der Dokumentation von Entscheidungen und ggf. der Dokumentation von Entscheidungsprozessen. Hilfreich ist es, das Protokoll bei der nächsten Sitzung des Gremiums von eben diesem genehmigen zu lassen und es damit zu „verabschieden". Das Protokoll kann dann immer wieder zum Nachvollziehen von Beschlüssen genutzt werden, zuweilen auch, um zu verdeutlichen, worüber Einigkeit bestanden hat. Bedenken Sie aber auch, dass Protokolle eine Halbwertszeit haben und es meist nicht hilfreich ist, ein Gremium mit Beschlüssen von vor zehn Jahren zu konfrontieren.

Raster für ein Ergebnisprotokoll

Hilfreich kann ein Raster zur Protokollerstellung sein, das die Tagesordnungspunkte, die Ergebnisse und die Verantwortlichkeiten auflistet. Hier ein Beispiel für ein solches Raster. Ein solches kann bereits während der Sitzung eines Gremiums erstellt werden (ggf. handschriftlich) und dann sehr schnell den Teilnehmenden zur Verfügung gestellt werden:

<table>
<tr><th colspan="6">Protokoll der NN-Sitzung</th></tr>
<tr><td colspan="3">Datum</td><td>Ort</td><td>Beginn</td><td>Ende</td></tr>
<tr><td colspan="3"></td><td></td><td></td><td></td></tr>
<tr><td colspan="2">Sitzungsleitung</td><td colspan="2">Teilnehmende</td><td colspan="2">Entschuldigt</td></tr>
<tr><td colspan="2"></td><td colspan="2"></td><td colspan="2"></td></tr>
<tr><td>TOP Nr.</td><td>Tagesordnungspunkt</td><td>Information (I), Beratung (B) oder Entscheidung (E)</td><td>Inhalt</td><td>Wer ist (für die Umsetzung, Durchführung) verantwortlich?</td><td>Zeitpunkt: Bis wann? (ggf. Wiedervorlage)</td></tr>
<tr><td></td><td></td><td></td><td></td><td></td><td></td></tr>
<tr><td></td><td></td><td></td><td></td><td></td><td></td></tr>
<tr><td></td><td></td><td></td><td></td><td></td><td></td></tr>
<tr><td></td><td></td><td></td><td></td><td></td><td></td></tr>
<tr><td></td><td></td><td></td><td></td><td></td><td></td></tr>
<tr><td></td><td></td><td></td><td></td><td></td><td></td></tr>
<tr><td></td><td></td><td></td><td></td><td></td><td></td></tr>
<tr><td></td><td></td><td></td><td></td><td></td><td></td></tr>
<tr><td colspan="3">Ort und Datum</td><td colspan="2">Unterschrift Protokollführung</td><td>Unterschrift Sitzungsleitung</td></tr>
<tr><td colspan="3"></td><td colspan="2"></td><td></td></tr>
</table>

Abbildung 12: Raster für ein Ergebnisprotokoll (vgl. Schneider 2019a, S. 70)

Wichtig ist auch eine Verständigung darüber, ob ein Tagesordnungspunkt der Information, der Beratung oder der Entscheidung dient (→ 2.6 Gremien, → 2.3 Besprechungen). Die Klärung der Verantwortlichkeit und der Termine zur Wiedervorlage macht es einfach bei der nachfolgenden Sitzung die Ergebnisse zu kontrollieren.

Bei einem Verlaufsprotokoll, das naturgemäß ausführlicher ist und darstellt, wer welche Argumente eingebracht hat und den Fokus eher auf den Prozess des Gespräches legt, erscheint es sinnvoll, am Ende eines solchen Protokolls eine Übersicht über die Ergebnisse und die damit verbundenen Verantwortlichkeiten und zeitlichen Absprachen zu dokumentieren. Das erleichtert allen die Übersicht und dient der Klarheit.

2.11 Checkliste Kommunikation

Thema/Fragestellung	Dringlichkeit, Prioritäten			IST			SOLL		
Beispiel: Gesprächsnotizen			*3*	*1*					*3*
	Ganz wichtig, Dinge werden kaum festgehalten			*Kaum festgehaltene Entscheidungen*			*Berichtswesen muss deutlich erneuert werden*		
Ad Experimentum: Bei welchen Neuerungen bietet es sich an, erst einmal die Neuerung „auf Bewährung“ durchzuführen?									
Ad Experimentum: Werden eine Zeit, ein Ort und ein Rahmen vereinbart und zur Verfügung gestellt das „Experiment“ auszuwerten und Schlüsse daraus zu ziehen?									
Antrittsrede: Wie können Sie mit einer Antrittsrede (oder einem anderen Format) Ihre Person, Ihre Ziele und Ihr Programm den wichtigsten Personen deutlich erkennbar machen?									
Besprechungen: Wie ist gewährleistet, dass sich alle Teilnehmenden auf unterschiedliche Art einbringen können?									
Controlling: Für welche Zielsetzung werden welche Daten wie festgehalten und für die Steuerung als hilfreich aufbereitet?									
Controlling: Wie wird mit (vermeintlichen) Wirkungen und Wirkungsannahmen umgegangen?									
Gesprächsnotizen: Was muss wie für wen festgehalten werden?									
Gremien: Welche Regelungen über Ziel, Aufgaben und ggf. zeitliche Befristungen sind vorhanden?									
Gremien: Sind die Grundlagen für die Arbeit des Gremiums festgelegt, transparent und für alle verständlich?									

Thema/Fragestellung	Dringlichkeit, Prioritäten			IST			SOLL		
Beispiel: Gesprächsnotizen			*3*	*1*					*3*
	Ganz wichtig, Dinge werden kaum festgehalten			*Kaum festgehaltene Entscheidungen*			*Berichtswesen muss deutlich erneuert werden*		
Informationen: Wie wird mit Informationen und Wissen in der Organisation umgegangen, wie werden diese verteilt, weitergegeben und über welche Wege?									
Kommunikationskultur: Was können Sie durch Ihr Handeln und Verhalten zu einer guten Kommunikationskultur beitragen?									
Öffentlichkeitsarbeit: Welches Bild von der Organisation wird wie in der Öffentlichkeit gezeichnet und welche Möglichkeiten gibt es, dieses langfristig der Realität anzupassen bzw. zu verbessern?									
Öffentlichkeitsarbeit: Welche Medien lassen sich für welche Zwecke nutzen? Wie können Medien besser und zielgerichteter genutzt werden?									
Protokolle: Welche Art von Protokoll ist für welchen Zweck sinnvoll?									
Protokolle: Wie sind die Verantwortlichkeiten für die Protokollerstellung und wie werden die vereinbarten Ergebnisse festgehalten?									

3. Finanzen: Ressourcen immer im Blick haben

Ob Sie als neue Führungskraft betriebswirtschaftlich ausgebildet sind oder nicht, Sie müssen sich zwangsläufig auch mit den Finanzen und deren Flüssen innerhalb und außerhalb der Organisation beschäftigen und sich gerade am Anfang einen Überblick über die Lage verschaffen.

Ökonomie und Soziales

Schellberg sieht gleich drei wichtige Verbindungen zwischen der Ökonomie und dem Sozialen:

- Soziale Ziele stehen unter Rahmenbedingungen finanzieller, rechtlicher, technischer, physikalischer und gesellschaftlicher Art: „Die Rahmenbedingung, der sich die Ökonomie widmet, ist die Knappheit und der Umgang mit ihr. So hat der Tag eben nur 24 Stunden und der Arbeitstag nur acht (vielleicht manchmal auch zehn oder zwölf) – mit dieser Zeit müssen auch die Menschen, die im Sozialbereich arbeiten, auskommen" (Schellberg 2017, S. 19).
- Ökonomie und Soziales wollen die Steigerung der Lebensqualität: „Das Soziale versucht dies zu erreichen durch Unterstützung von Bedürftigen, durch Selbstbefähigung und Integration. Die Ökonomie versucht dies zu erreichen durch die Erstellung und Allokation (Verteilung) von Gütern und Leistungen" (ebd.).
- Das „Soziale" ist in Organisationen eingebunden, die Leistungen erstellen: „Die Finanzwissenschaft und die Verwaltungswissenschaften befassen sich mit dem Handeln des Staates, die Betriebswirtschaftslehre mit den Unternehmen, die Leistungen anbieten. Die klassische Betriebswirtschaftslehre ist dabei auf gewinnorientierte („normale") Unternehmen in unregulierten Märkten gerichtet. Es wird hier notwendig sein, die Lehre anzupassen auf die Spezifika von Sozialunternehmen in Sozialmärkten" (ebd., S. 19 f.).

Knappheit der Ressourcen

Das bedeutet, dass Knappheit kein Spezifikum für die Soziale Arbeit ist, es sind in der Regel immer mehr (subjektive) Bedürfnisse und (objektive) Bedarfe als Mittel zu deren Befriedigung vorhanden. Daher gilt also trotz oder wegen der Knappheit, die Ressourcen (nicht nur finanzieller Art) sinnvoll, zielorientiert und wirksam einzusetzen. Dazu braucht es Kriterien, um Entscheidungen nachvollziehbar zu machen. Die Ressourcen, auch die Finanzen, sind dabei Mittel zum Zweck. Aber diese Mittel sind notwendig und ein sinnvoller, sparsamer und zielorientierter Umgang damit geschieht nicht von selbst. Nur eine Organisation, die gut im Sinne von klar, zielorientiert und sparsam mit ihren finanziellen Ressourcen umgeht, kann mit diesen Mitteln auch sinnvoll im Gesundheits- und Sozialbereich tätig werden, oder schlicht und einfach: Um Gutes zu tun, braucht es auch Mittel. Das oft für die Soziale Arbeit herangezogene biblische Beispiel vom barmherzigen Samariter ist hier wegweisend: Der Samariter hat direkt geholfen, aber dem Wirt Geld gegeben, damit dieser sich (professionell?) um den unter die Räuber Gefallenen kümmern konnte. Auch damals waren also schon Finanzen „im Spiel" und von Bedeutung.

Zielerreichung

Die Begrifflichkeit von Schellberg „Steigerung der Lebensqualität" zeigt, dass es nicht nur finanzieller Kriterien bedarf, diese Steigerung objektiv und auch subjektiv für die einzelne Person oder eine Personengruppe festzustellen. Es benötigt also in irgendeiner

Weise auch der Rückmeldung, ob die Ziele erreicht wurden durch Evaluation, (→ 2.4) Controlling oder Wirkungsforschung.

Steuerung

Schließlich ist der Glaube an den Markt in der Betriebswirtschaftslehre weit verbreitet. Doch sowohl in der Gesellschaft, der Wirtschaft und besonders auch in der Sozialen Arbeit gibt es auch andere Mechanismen der Steuerung als die über den Markt, also Angebot und Nachfrage (→ 1.9 Nachhaltigkeit). Eine staatliche Steuerung oder eine Steuerung durch eine Zivilgesellschaft können sowohl die Marktsteuerung beeinflussen (z. B. durch meritorische Güter, deren Verbrauch oder Nichtverbrauch durch staatliches Handeln zu beeinflussen versucht wird durch Steuern auf Zigaretten oder Zuschüsse zum Kauf eines Elektrofahrzeuges) als auch diese ersetzen (z. B. staatliche Gesundheitsvorsorge bei Infektionskrankheiten oder zivilgesellschaftliches Engagement für bestimmte Bevölkerungsgruppen). Ein historischer Rückblick in der Sozialen Arbeit, aber auch im Gesundheitswesen zeigt immer auch die Verwobenheit verschiedener Steuerungsmechanismen.

Dienstfunktion der Finanzen

Wie auch immer: Ressourcen werden benötigt und sind selten im Überfluss vorhanden. Gerade im Gesundheits- und Sozialsystem sollte die Dienstfunktion der Finanzen herausgestellt werden. Geld ist kein Selbstzweck, sondern bedarf eines sinnvollen Zweckes, oder mit Grün: „Geld soll dem Menschen dienen. Ich darf mit Geld keine Macht ausüben, sondern ich soll mit dem Geld den Menschen die Möglichkeit schaffen, ihre Fähigkeiten zu entfalten" (Grün 2002, S. 81).

3.1 Betriebliches Rechnungswesen – Zahlen zur Steuerung nutzen

Aufgabe

Die Aufgabe des Betrieblichen Rechnungswesens ist die Abbildung aller unternehmerischen Vorgänge nach innen und außen, insbesondere

- Dokumentation und Information von Geschäftsvorgängen
- Rechenschaft über die Verwendung von Mitteln
- Kontrolle: Überwachung der Wirtschaftlichkeit und Liquidität
- Zahlenmaterial als Grundlage von Entscheidungen

Soziale Dienstleistungen

Gerade im Bereich sozialer Dienstleistungen muss beachtet werden, dass sich nicht alle Vorgänge in Zahlen abbilden lassen und ggf. einige Bereiche defizitär sind und bleiben werden, aber für das Renommee einer Organisation eine hohe Bedeutung haben (z. B. die Suppenküche eines Wohlfahrtsverbandes).

Inhalt

Zum Betrieblichen Rechnungswesen gehören Buchhaltung und Bilanz, Kosten- und Leistungsrechnung, Statistik sowie Vergleichs- und Planungsrechnung. Neben dem Management und der Leitung einer Organisation hat das Rechnungswesen auch Bedeutung für die Mitglieder (z. B. eines Vereins oder einer Genossenschaft), für die Gesellschafter (z. B. einer GmbH) oder die Aktionäre (einer Aktiengesellschaft), für mögliche Kreditgeber und für das Finanzamt. Zu unterscheiden sind das externe Rechnungswesen (für Außenstehende, z. B. Jahresabschluss) und das interne Rechnungswesen (für interne Zwecke, z. B. Kosten- und Leistungsrechnung).

Formen Zu unterscheiden sind ferner zwei Formen des Rechnungswesens, zum einen die Kameralistik, zum anderen die Doppik. Die Kameralistik geht von einem Haushaltsplan (mit Ausgaben und Einnahmen) aus, der umgesetzt werden (Haushaltsvollzug) und kontrolliert werden muss (Haushaltskontrolle). Am Ende steht der Haushaltsabschluss, der entweder Überschüsse oder Fehlbedarfe aufweist. Anders die Doppik, die als „doppelte Buchführung" für jeden Vorgang zwei Buchungen vorsieht. Damit werden gleichzeitig Gewinn- und Vermögensentwicklung erfasst (vgl. Schellberg 2017, S. 65) (→ 3.2 Buchhaltung und Bilanz).

Unabhängig davon, wie das Rechnungswesen organisiert wird, aus dem ersten Schritt der Buchhaltung lässt sich ein Jahresabschluss ermitteln, der die Grundlage für Entscheidungen bietet und ggf. verbunden mit anderen Elementen z. B. der Kosten- und Leistungsrechnung, für Planungen und Kalkulationen dienen kann.

Für den Anfang ist es wichtig zu wissen, welche Bereiche des Betrieblichen Rechnungswesens wie bestehen und hier einen Einblick zu haben.

Orientierungsfragen Orientierungsfragen können hierbei sein:

- Welche Entwicklungen gab es in der Vergangenheit?
- Welche Planungsgrößen und welche Kriterien gibt es für Planungen?
- Wie aussagekräftig werden Chancen und Risiken der Organisation dargestellt?
- Welche Zuständigkeiten, Verantwortlichkeiten und Befugnisse gibt es im Feld der Finanzen?
- Wie haben sich wichtige Kennzahlen über die letzten Jahre entwickelt?
- Welche Kennzahlen werden für die Steuerung genutzt?
- Welche Vorgänge bilden das betriebliche Rechnungswesen ab, welche werden (bewusst oder unbewusst) ausgeblendet?

3.2 Buchhaltung und Bilanz – sich Überblick verschaffen

Wenn Sie nicht aus dem Finanzwesen kommen, werden Sie erst einmal nicht begeistert von diesem Thema sein, dennoch ist die Buchhaltung eine wichtige Funktion, die Sie für Ihre Steuerung und Leitung nutzen sollten. Die Daten der Buchhaltung zeigen Ihnen, wie die „Finanzen stehen", und liefern z. B. Grundlagen für die Kalkulation von Maßnahmen, Angeboten und dergleichen. Je größer Ihre Organisation ist, umso vielfältigere Daten benötigen Sie von der Buchhaltung.

Kameralistik In vielen Verwaltungen existiert noch die Kameralistik (hier stehen einem meist auf ein Jahr bezogenen Haushaltsentwurf, die Ergebnisse des Jahres gegenüber, Investitionen werden hier im Jahr der Anschaffung ganz verbucht).

Doppik Wenn von kaufmännischer Buchhaltung oder -führung die Rede ist, so geht es um die Doppik (doppelte Buchführung in Konten).

Diese seit 1494 bestehende Buchführung (zurückgehend auf den Franziskanerpater Luca Pacioli) führt im Ergebnis zu einer Bilanz[7] und einer Gewinn- und Verlustrechnung; hier werden für einen Zeitraum, meist für ein Geschäftsjahr die Geschäftsvorgänge (Erträge und Aufwendungen) abgebildet, das saldierte Ergebnis ergibt entweder einen Gewinn oder einen Verlust. Bei einer kaufmännischen Buchführung wird eine Investition „abgeschrieben", d. h. der Werteverzehr z. B. eines Fahrzeuges wird über die Jahre der Nutzung abgebildet und dadurch Geld „angespart" für eine notwendige Neuanschaffung.

Bilanz, Gewinn- u. Verlustrechnung

Grundsätze einer ordnungsgemäßen Buchführung sind:

Grundsätze ordnungsgemäßer Buchführung

- Vollständiges, richtiges, zeitgerechtes, chronologisches und geordnetes Vornehmen der Buchungen und sonstigen Aufzeichnungen
- Verwenden einer lebenden Sprache
- Lesbare Ausführung mit eindeutigen Abkürzungen
- Keine Buchung ohne Beleg
- Nummerieren der Belege
- Geordnete Ablage von Belegen und Datenträgern
- Vollständiger Ausdruck der Datenträger muss jederzeit möglich sein
- Tägliche Kassenführung
- Keine Veränderung von Aufzeichnungen oder Einträgen

Letzteres bedeutet nicht, dass nicht auch Korrekturen in der Buchung oder Umbuchungen vorgenommen werden dürfen, sie müssen nur eben (gerade auch in einer Software) als solche erkennbar und nachvollziehbar sein.

Konten in der Buchhaltung sind Zuordnungen von Geschäftsvorfällen in einem sachlichen Zusammenhang (also nicht verschiedene Giro- oder Sparkonten), so können in der Bilanz z. B. Eigenkapital oder Sachvermögen eigene Konten sein, in der Gewinn- und Verlustrechnung Personalkosten oder Spenden. Ein Kontenplan gibt den Überblick über die einzelnen Konten.

Konten

[7] Eine Betrachtung eines Zeitpunktes der Vermögensbestände von Aktiva und Passiva, meist bezogen auf den 31.12. eines Jahres; die englische Übersetzung „Balance" zeigt, dass beide Seiten einer Bilanz ausgeglichen sein müssen.

Nachfolgend je ein Beispiel für eine Bilanz und eine Gewinn- und Verlustrechnung;

Beispiel für eine Bilanz

	AKTIVA	**PASSIVA**	
Anlagevermögen (über ein Jahr)	Patente, Nutzungsrechte, Wertpapiere, Grundstücke, Betriebsausstattung	Eigenkapital, Rücklagen für bestimmte Zwecke, freie Rücklage	Eigenkapital
Umlaufvermögen	Vorräte, Forderungen, Sparbuch, Girokonto, Kasse	Zuschüsse, Hypothekendarlehen, Überstundenrückstellungen, Verbindlichkeiten, Dispokredit	Fremdkapital
	Wo ist das Vermögen?	*Wem gehört das Kapital?*	

Abbildung 13: Beispiel für eine Bilanz (ohne Zahlen) (eigene Darstellung)

Würde man in einem Privathaushalt eine Bilanz erstellen, so könnte man zu einem Zeitpunkt das Anlagevermögen (Haus, Grundstück, PKW) mit dem Umlaufvermögen (Sparkonto, Girokonto, Geldbörse) als Aktiva dem Passiva (Eigenkapital, Fremdkapital wie etwa ein Kredit von der Bank oder von Verwandten) gegenüberstellen.

Eine Gewinn- und Verlustrechnung in einem privaten Haushalt würde z. B. alle Einnahmen (Gehälter, Geschenke) und Ausgaben (Miete, Lebensmittel) zusammenstellen. Wenn die Einnahmen die Ausgaben übertreffen, wird ein Gewinn erzielt, dieser kann dann (in der Bilanz) das Eigenkapital erhöhen. Ein Verlust würde das Eigenkapital in der Bilanz mindern.

In einem Unternehmen bzw. einer Organisation fließt das Ergebnis der Gewinn- und Verlustrechnung in die Bilanz ein, dort vermindert (Verlust) oder erhöht (Gewinn) das Ergebnis das Eigenkapital (Zusammenhang zwischen Bilanz und Gewinn- und Verlustrechnung).

Beispiel einer Gewinn- und Verlustrechnung

Gewinn- und Verlustrechnung 1.1. bis 31.12.2020	
Erträge Erträge aus Leistungsabrechnungen öffentliche Zuschüsse Zinserträge Spenden	**Aufwendungen** Personalkosten Sachkosten (z. B. Verpflegung, Wareneinsatz, Energiekosten, Instandhaltung, Zinsaufwand, Abschreibungen, Mietkosten)
Ergebnis:	+ (Gewinn) – (Verlust)

Abbildung 14: Beispiel einer Gewinn- und Verlustrechnung (ohne Zahlen) (eigene Darstellung)

In der kaufmännischen Buchführung (Doppik) werden immer zwei Konten „angesprochen", entweder in der Bilanz, wenn z. B. eine Überweisung vom Giro- auf das Sparkonto erfolgt, oder aber zwischen Bilanz und Gewinn- und Verlustrechnung, wenn beispielsweise aus der Kasse Lebensmittel bezahlt werden. Die erste Art der Buchung ist „erfolgsneutral", die zweite Art der Buchung ist „erfolgswirksam". Erfolg meint hier: betrifft das Jahresergebnis der Gewinn- und Verlustrechnung. Der Erfolg kann dabei positiv (Gewinn) oder negativ „Verlust" sein.

Leitfragen zur Gewinnung eines Überblicks

Wie bei der Analyse (→ 5.1 Analyse) sollten Sie direkt zu Beginn einen Überblick über die Finanzlage haben. Auch hierzu einige hilfreiche Fragestellungen:

- Wie haben sich die Bilanzen und Gewinn- und Verlustrechnungen in den letzten Jahren entwickelt?
- Wie hat sich der Anteil des Fremdkapitals im Vergleich zum gesamten Kapital entwickelt?
- Wie kann das Umlaufvermögen kurzfristige Verbindlichkeiten decken (z. B. monatliche Gehaltszahlungen)?
- Gibt oder gab es Prüfungen seitens des Finanzamtes, der Sozialversicherungsträger oder einer unabhängigen oder verbandseigenen Prüfungsgesellschaft? Welche Empfehlungen von dort wurden bereits umgesetzt? Welche aus welchen Gründen noch nicht?
- Werden alle Risiken durch ausreichende Rückstellungen abgedeckt? (z. B. anhängige Arbeitsgerichtsprozesse, mögliche Forderungen anderer, ausfallende oder abzuschreibende Forderungen)
- Welche Rücklagen sind für welche Zwecke vorhanden?
- Welche Forderungen, welche Verbindlichkeiten sind vorhanden?
- Wie ist die Vermögenssituation? Wie die Einnahmesituation?
- Sind die Zahlungen von Zuschüssen, Entgelten, etc. auf der Einnahmeseite so rechtzeitig, dass damit auch die laufenden Verpflichtungen erfüllt werden können?

Überblick durch Bilanzkennzahlen

Einen guten und schnellen Überblick bieten sogenannte Bilanzkennzahlen, die gerade im Vergleich zwischen den Jahren und zwischen vergleichbaren Organisationen Aussagen erlauben.

Kennzahl	Berechnung	Aussagekraft
Grad der finanziellen Unabhängigkeit	Eigenkapital: Gesamtkapital x 100	Abhängigkeit vom Fremdkapital. Je höher diese Kennzahl, umso unabhängiger ist die Organisation von Fremdkapitelgeber/innen.
Anspannungsgrad	Fremdkapital: Gesamtkapital x 100	Grad der Verschuldung im Verhältnis zum Gesamtkapital. Je höher die Kennzahl, umso höher ist der Anteil der Verschuldung.
Verschuldungsgrad	Fremdkapitel: Eigenkapital x 100	Grad der Verschuldung im Verhältnis zum Eigenkapital. Je höher die Kennzahl, umso höher ist der Anteil der Verschuldung.

Kennzahl	Berechnung	Aussagekraft
Eigenkapitalrendite	Überschuss: Eigenkapital x 100	Hinweis auf die Rendite eines Unternehmens im Verhältnis zum Eigenkapital.
Liquidität 1. Grades (Cash Ratio)	Liquide Mittel: kurzfristige Verbindlichkeiten x 100	Kann Aussagen über die kurzfristige Liquidität („können alle Rechnungen direkt bezahlt werden?") ermöglichen.
Liquidität 2. Grades (Acid Test Ratio (ATR) oder Quick Ratio	(Geldvermögen + Wertpapiere + kurzfristige Forderungen): kurzfristige Verbindlichkeiten x 100	Kann Aussagen über das Verhältnis kurzfristiger verfügbarer liquider Mittel zu den kurzfristigen Verbindlichkeiten treffen („können alle Rechnungen unter Einsatz aller schnell verfügbaren Mittel bezahlt werden?")
Liquidität 3. Grades (Current Ratio)	(liquide Mittel + kurzfristige Forderungen + Warenbestände): kurzfristige Verbindlichkeiten x 100	Trifft Aussagen über das Verhältnis liquider Mittel und vorhandener Waren zu kurzfristigen Verbindlichkeiten („können die Rechnungen bezahlt werden, wenn außer den liquiden Mitteln und Forderungen auch noch der Wert der Warenbestände Berücksichtigung findet"?)

Abbildung 15: Gängige Bilanzkennzahlen (eigene Darstellung)

3.3 Budget – in der Nähe der entscheidenden Kosten planen

Sie müssen mit den Finanzen, die Ihnen zur Verfügung stehen, auskommen. Es ist aber auch Ihre Aufgabe, dafür zu sorgen, dass für neue Aufgaben „neues Geld" zur Verfügung steht. Je größer eine Organisation ist, umso eher sollte dort die Budgetverantwortung dicht an den Entscheidungsträger/innen liegen. Wer für einen Teil verantwortlich ist, sollte auch ein entsprechendes Budget für diese Aufgabe zur Verfügung haben.

Zweck, Höhe, Verwendung

Budget meint hier eine festgelegte Finanzsumme, mit der eigenständig gehandelt werden kann. So gesehen ist das Budget die kleine Schwester des (→ 3.6) Haushalts, die Höhe der Mittel, der Zweck und die mögliche Verwendung sowie Regeln für eine Über- oder Unterschreitung sind vorgegeben. Um die Selbständigkeit und Eigenverantwortlichkeit zu fördern, sollten aber Möglichkeiten der Übertragung auf Folgejahre gegeben sein, so dass z. B. durch Rücklagen das Ansparen für größere Investitionen möglich wird. Ebenso sollten Regelungen geschaffen werden für den Fall, dass das Budget nicht ausreicht oder abzusehen ist, dass dies der Fall sein wird sowie unter welchen Bedingungen eine höhere Einheit auf ein Budget zugreifen kann.

Deckelung, „Strafzinsen"

Ein Budget sollte nicht zu hoch und nicht zu gering bemessen sein, so dass hier aktiv gehandelt werden kann, ohne dass regelmäßig das Budget überzogen wird und ohne dass ein Budget in größerem Umfang als Sparkonto verwendet werden kann. Um Letzteres zu vermeiden gibt es Organisationen, die entweder ein Budget nach oben „deckeln", d. h. das Budget hat eine Obergrenze, ab der Gelder an die Zentralorganisation gegeben werden, oder aber es werden ab bestimmten Beträgen „Strafzinsen" fällig. Bei dieser Steuerung muss sorgfältig überlegt werden, wie unerwünschte Effekte vermieden werden können, etwa, dass Geld nur des Ausgebens willen ausgegeben wird. In der öffentlichen Verwaltung, die oft kameralistisch bucht, hat sich für das Ausgeben, nur um den Haushalt auch auszunutzen, das Wort „Dezemberfieber" ausgeprägt.

Finanzverantwortung „vor Ort"

Die Entscheidung auch über Finanzmittel möglichst „vor Ort" fördert die Eigenständigkeit und Verantwortungsbereitschaft: „Die Mitarbeitenden dürfen Entscheidungen zu ihren Arbeitsaufgaben selbständig treffen und müssen die Verantwortung dafür tragen. Dies fördert zum einen die Identifikation mit der Aufgabe, zum anderen ist bei Entscheidungen automatisch das erforderliche Detailwissen vorhanden. Je nach Ausgestaltung der Prozesse und Organisationsstrukturen kann die Entscheidungsbefugnis bei einer Einzelperson, einer Gruppe oder einer Hierarchieperson liegen" (Fraunhofer Institut 2020, S. 21). Diese Empfehlung für agile Organisationsformen gilt grundsätzlich auch in stark hierarchischen Organisationsformen. Je weiter die Finanzverantwortung z. B. von dem Mitarbeitenden im Allgemeinen Sozialen Dienst entfernt ist, umso mehr spielen bei einer Entscheidung oft sachfremde Erwägungen eine Rolle. Eine Professionalität ist dann weniger gefordert, aber umso notwendiger, um sachgerecht zu entscheiden. Dies wirkt sich auf Motivation und Identifikation der Mitarbeitenden aus.

Kostenplanung

Rein praktisch lassen sich Budgets über eine (→ 3.8) Kosten- und Leistungsrechnung verwalten im Sinne einer Plan-Kostenrechnung: „Die Plan-Kostenrechnung kann im Management [...] genutzt werden, um Zielwerte oder Budgets zu ermitteln, die dann für die Unternehmenssteuerung eingesetzt werden können. Im Rahmen der Haushaltsplanung öffentlicher Haushalte dient die Plan-Kostenrechnung als Grundschema für die Ermittlung von Programmbudgets, Produkthaushalte oder für die analytische Haushaltsplanung (im Gegensatz zur historischen Fortschreibungsmethode" (Kaspers et al. 2017, S. 171 f.). Eine Kostenplanung (vgl. a. a. O., S. 171 ff.) lässt sich ganz unterschiedlich umsetzen:

- *Einfache Plan-Kostenrechnung:* Dazu werden die voraussichtlichen Gesamtkosten für eine Kostenstelle (z. B. eine Kita oder eine Krankenhausabteilung) oder für einen Kostenträger (z. B. eine Fachleistungsstunde) (aus der Vergangenheit) ermittelt, dabei wird nicht zwischen fixen (= unabhängig von der Stückzahl bzw. Zeit) oder variablen Kosten (= abhängig von Stückzahl bzw. Zeit) unterschieden.
- *Grenzplan-Kostenrechnung:* Hierbei wird zwischen fixen und variablen Kosten unterschieden, dadurch wird deren Verhältnis zueinander erkennbar.
- *Break-Even-Analyse:* Bei dieser Rechenart werden Kosten und Ertrag miteinander ins Verhältnis gesetzt, dadurch wird der sogenannte Break-Even-Point erkennbar, der Punkt, ab dem die Kosten von den Erträgen übertroffen werden, also ab dem sich die Kosten „lohnen".
- *Flexible Plan-Kostenrechnung:* Kosten werden bei der flexiblen Plan-Kostenrechnung nach Kostenarten zerlegt und u. a. mit Veränderungen (z. B. durch Steigerungen von Preisen oder Vergütungen in den einzelnen Kostenarten) in Beziehung gesetzt.
- *Abweichungsanalyse:* Diese ist durch den Vergleich der Plan-Kosten mit den Ist-Kosten gekennzeichnet.

(vgl. Kaspers 2017, S. 171 ff.).

Als neue Führungskraft sollten Sie sich die Finanzstruktur und die Befugnisse der einzelnen Personen ansehen und überlegen, an welchen Stellen Budgetierungen vorgenommen werden können. Auch sollten Sie wirksame Kontrollinstrumente nutzen bzw. einführen.

3.4 Finanzierung – genügend Geld für alle Fälle

Finanzquellen

Im sozialen Bereich handelt es sich meist um ganz verschiedene Finanzquellen, die für die Finanzierung von Diensten, Einrichtungen und Projekten zur Verfügung stehen bzw. zur Verfügung gestellt werden müssen. In kleineren Einrichtungen ist es meist die alleinige Aufgabe der Führungskraft für die notwendige Finanzierung zu sorgen, größere Einrichtungen haben hier eigene Abteilungen, Fundraiser/innen, Finanzierungsexpert/innen. Wie auch immer, bereits in den ersten Tagen sollte die neue Führungskraft hier einen Überblick haben, aus welchen (finanziellen) Quellen sich die Organisation speist, wer die wichtigsten Finanzgeber/innen sind, wo Risiken und Chancen liegen.

Öffentliche Finanzierung

Die Finanzierung sozialer Dienstleistungen kann durch ganz unterschiedliche Instrumente sowohl aus öffentlichen als auch aus privaten Quellen erfolgen. Eine öffentliche Finanzierung kann mittels

- Objektfinanzierung (eine Einrichtung wird finanziert aufgrund ihres Vorhandenseins, z. B. Zuschüsse oder Defizitdeckung),
- Subjektfinanzierung (eine Einrichtung wird für bestimmte Leistungen bezahlt, z. B. die Anzahl von Jugendlichen, die in eine Ausbildung integriert werden) oder durch
- persönliche Budgets (die betroffenen Personen erhalten Finanzmittel und können damit Dienstleistungen einkaufen)

erfolgen.

Spenden, Sponsoring

Außerhalb öffentlicher Finanzquellen gibt es weite Möglichkeiten, sich durch Spenden (ohne Gegenleistung), (→ 3.9) Sponsoring (Gegenleistung), Stiftungen oder Crowd-Funding zu finanzieren (vgl. Schneiders 2020, S. 59 ff.).

Dabei ist zweierlei zu beachten:

1. Die Finanzierungsmöglichkeiten können sich durch politische Entscheidungen ändern und
2. es gibt keine ideale Finanzierungsmöglichkeit; jede Finanzierung hat ihre Vor- und Nachteile.

So kann z. B. beim Sponsoring eine hohe Abhängigkeit von einem Wirtschaftsunternehmen erfolgen, bei einer Subjektfinanzierung die Auswahl der Klient/innen so getroffen werden, dass nur „leichte Fälle" angenommen werden, bei denen der Erfolg der Maßnahme quasi garantiert ist.

Stets zukunftsorientiert

Daher ist die Aufgabe, Finanzierungen zugleich zu stabilisieren und nach neuen Finanzierungsmöglichkeiten Ausschau zu halten, immer eine zukunftsorientierte Herausforderung.

Im betriebswirtschaftlichen Sinne ist es für eine Finanzierung wichtig, bereits vor einer Leistung in Form der Produktion von Waren oder Dienstleistungen einen Betrieb mit ausreichenden Finanzmitteln auszustatten, die zusammen mit Risiken (und ggf. einem Gewinn) dann durch den Erlös der Leistungen wieder ausgeglichen werden. Oder: Im Idealfall müssen die Investitionen durch die Erlöse zumindest langfristig gedeckt sein. Auch eine Organisation, die keinen Gewinn erwirtschaftet, muss finanziert werden; selbst bei einer angenommen rein ehrenamtlichen Organisation ist anzunehmen, dass hier (z. B. Material-) Kosten entstehen, für die jemand (... und seien es in diesem Fall die Ehrenamtlichen selbst oder ein/e Spender/in) die Finanzen aufbringen muss. Schellberg: „Die Finanzierungsfrage ist letztlich die Funktion der Überbrückung von Fristen zwischen Investition und Rückflüssen. Diese Grundfunktion beinhaltet auch das wesentliche unternehmerische Risiko" (Schellberg 2017, S. 175).

Finanzierungsformen

Folgende Formen einer Finanzierung sind zu unterscheiden:

- *Innenfinanzierung* (z. B. Finanzierung eines neuen Projektes oder einer neuen Abteilung in einer Organisation durch eigenes, in der Organisation vorhandenes Kapital).
- *Außenfinanzierung* (z. B. Finanzierung durch außerhalb der Organisation befindliche Kapitalgeber (z. B. Gesellschafter oder Kreditinstitute), zu unterscheiden sind
  - Eigenfinanzierung (Eigentümer oder Gesellschafter)
  - Beteiligungsfinanzierung (Aufnahme neuer Gesellschafter)
  - Fremdfinanzierung (Aufnahme von Fremdkapital), hier sind unterschiedliche Formen vom Kontokorrentkredit über den Lieferantenkredit bis hin zur Anleihe möglich)
  - Mezzanines Kapital (z. B. durch Förderkredite mit geringen Haftungsanforderungen als Zwischenform zwischen Eigen- und Fremdkapital, Risikokapitalgeber erwarten nur im Erfolgsfall eine Beteiligung).

(vgl. Schellberg 2017, S. 176 ff.).

Finanzreserven

Innerhalb einer Organisation sollten sowohl kurzfristige als auch langfristige Reserven vorhanden sein, damit zum einen eine Liquidität (ausreichend Mittel, um kurzfristige Verbindlichkeiten zu erfüllen, z. B. Mitarbeitende bezahlen, Rechnungen begleichen) zu gewährleisten und zum anderen auch z. B. durch eine Innenfinanzierung eigene Akzente zu setzen und innovative Möglichkeiten zu schaffen (→ 3.2 Buchhaltung und Bilanzierung).

Rücklagen

Gerade in der Corona-Krise hat sich gezeigt, wie wichtig Rücklagen für unvorhergesehene Ereignisse sind. Organisationen, die ausreichend Rücklagen haben, können mit diesen auch längere Krisen überwinden, ohne in Existenznöte zu geraten. Nicht umsonst gibt es für eine gemeinnützige Organisation, wie z. B. einen gemeinnützigen Verein, die Möglichkeit einer freien Betriebsmittelrücklage, die nicht als gebundene Rücklage für ein Projekt bestimmt ist: „Eine Ausnahme vom Grundsatz der zeitnahen Mittelverwendung sind die zulässigen gebundenen oder freien Rücklagen. Die einer zulässigen Rücklage zugeführten Mittel müssen nicht zeitnah, sondern erst in Zukunft projektbeziehungsweise allgemein satzungsgemäß verwendet werden. Neben den Rücklagen kann der Verein selbstverständlich Geldbestände vorhalten, die die laufenden Ausgaben für Miete, Personal und dergleichen sichern (so genannte Betriebsmittelrücklage). Der Betriebsmittelvorrat sollte aber den laufenden Aufwand eines Jahres nicht übersteigen" (Bayerisches Staatsministerium 2015, S. 27).

3.5 Fundraising – Ressourcenbeschaffung

Begriffsbestimmung

Fundraising meint zunächst von seinem Wortursprung her nichts anderes als die Beschaffung von Ressourcen. Im engeren Sinne wird der Begriff oft verwendet als Möglichkeit, Finanzen außerhalb öffentlicher Quellen zu beschaffen im Sinne des Spendens (ohne zumindest einer offensichtlichen oder direkten Gegenleistung) und als ergänzendes Finanzierungsinstrument (vgl. Birzele und Schmeißer 2019).

Grundsätzlich sollte Fundraising in einer Organisation nicht allein dem Zufall überlassen sein, sondern in die Strategie, Konzeption und die Ausrichtung systematisch eingebunden sein. Wenn oben beschrieben wurde, dass Fundraising „ohne Gegenleistung" erfolgt, so sollte doch Beachtung finden, dass Spender/innen oft ideelle Motive mit dem Spenden verbinden (Wohltätigkeit, Großzügigkeit, Engagement für eine bestimmte Zielgruppe) oder auch ganz klare wirtschaftliche Motive haben (Steuerersparnis, Renommee des Unternehmens verbessern, an der „Strahlkraft" des sozialen Unternehmens Anteil erhalten). Diese wenigen Aussagen lassen schon erkennen, dass Fundraising auch Auswirkungen auf die Ressourcen „empfangende" Organisation hat.

Online-Fundraising

Eine zunehmende Bedeutung hat das Online-Fundraising. Wie bei allen anderen Formen, muss dieses eine Einbindung in die Organisation haben – einige wichtige Stichworte zum Online-Fundraising sind der eigene Internetauftritt der Organisation, die Optimierung von Suchmaschinen, die Nutzung von Social Media und von Spenden-Plattformen (vgl. Birzele und Schmeißer 2019, S. 131 f.). Zu beachten sind insbesondere:

- Kompetenz im Umgang mit sozialen Medien muss vorhanden sein;
- Digitale Aktivitäten werden mess- und kontrollierbar;
- Breitere Zielgruppen sind zu jeder Zeit erreichbar;
- Online-Fundraising sollte als Ergänzung in einem Gesamtkonzept des Fundraisings gesehen werden;
- Der Spendenbutton sollte klar positioniert werden, bei jedem zusätzlichen Klick geht die Aufmerksamkeit und damit auch Geld verloren;
- Rechtschreibung und Grammatik müssen in Ordnung sein;
- Gerade online muss sehr schnell ein Dank erfolgen, je nach Höhe und Bedeutung der Spende sollte dieser auch mit Informationen über die Nutzung der Spende verbunden werden (aus Untersuchungen ist bekannt, dass viele Spender mehrmals spenden und sich mit einer Organisation verbunden fühlen);
- Kontakt zum Spender halten.

(vgl. Birzele und Schmeißer 2019, S. 132 f.).

Spendenbereitschaft

Grundlegend können private Personen, Unternehmen, Stiftungen oder auch staatliche Organisationen als Ressourcenbereitsteller/innen in Betracht kommen (vgl. Urselmann 2014, S. 709). Jede/r Ressourcenbereitsteller/in hat sein/ihr eigenes System und damit auch seine eigene Logik, die bei Anfragen und der Beschaffung bedacht werden muss. Auch muss die eigene Organisation in doppelter Weise berücksichtigt werden: Sie muss bereit sein für Ressourcen von außen (es darf z. B. nicht als anstößig bewertet werden oder der Imageschaden durch einen zweifelhaften Spender höher sein als der Nutzen), zum anderen stellen andere nur Ressourcen bereit, wenn sie von der Arbeit einer Organisation überzeugt sind. Skandale in der „Branche" der spendenerhaltenden Organisationen wirken sich nachweisbar auf die Spendenbereitschaft auch in anderen „Nachbarorganisationen" aus. So ist zu beobachten, dass z. B. bei einem Skandal in einer christlichen Kirche auch die jeweils anderen Kirchen durch Kirchenaustritte betroffen sind oder in ähnlicher Weise Krisen z. B. bei einer Umweltschutzorganisation auch die Einnahmen von anderen ähnlichen Organisationen sinken lassen. Die Öffentlichkeit und die Medien differenzieren hier kaum.

Checkliste Fundraising

Die nachfolgenden Schlagworte aus der Checkliste für Online-Fundraising können generell als Grundlage für alle Formen von Fundraising gelten:

- Bewusstsein schaffen
- Interessenten binden
- Frage nach Spende bzw. Engagement
- Danken
- Berichten
- Spender zum Multiplikatoren machen
- Dauerbeziehung aufbauen
- Messen und Optimieren

(vgl. Lampe et al. 2015, S. 172 f.)

3.6 Haushalt – zwischen Planungssicherheit und Spontaneität

In vielen Organisationen wird (noch) das System der Kameralistik umgesetzt, ein Haushaltsansatz eines Haushaltsplanes wird vorgegeben, der im Jahr gebucht wird und am Ende eines Jahres entsteht entweder einen Haushaltsüberschuss, ein Plus, oder aber ein Haushaltsdefizit, also ein Minus. In öffentlichen Haushalten sind beide Ergebnisse schlecht. Entweder war die Planung zu großzügig oder aber zu knapp bemessen. Beides lässt die Politik bzw. die Verantwortlichen für die Haushaltsplanung in schlechtem Licht dastehen. Aber wie sich in der (→ 3.8) Kosten- und Leistungsrechnung und auch im (→ 3.3) Budget zeigt, werden Vorgaben auch hier zu ähnlichen Phänomenen führen. Stets wird versucht einen Spagat zwischen zentraler Steuerung und lokalen Bedürfnissen auf der einen Seite und einen ebensolchen Spagat zwischen Sicherheit und Spontaneität zu bewerkstelligen.

Vor allem Bundes- und Landesverwaltungen, Kommunen und öffentliche Körperschaften sind zu einer öffentlichen Haushaltsführung verpflichtet. Grundlage eines jeden Haushaltes ist die politische Entscheidung durch ein Haushaltsgesetz (auf Bundes- und Landesebene) bzw. eine Haushaltssatzung (auf kommunaler Ebene).

Grundprinzipien

Grundprinzipien eines öffentlichen Haushaltes sind:

- *Planungsorientierung:* Der jeweilige Finanzbedarf wird festgestellt.
- *Wirtschaftlichkeit und Sparsamkeit:* Aufgabenerfüllung durch wirtschaftlichen und sparsamen Mitteleinsatz.
- *Haushaltsdeckung:* Ausgaben und Einnahmen müssen zur Deckung gebracht werden.
- *Einnahmen und Ausgaben:* „Tilgung, Investitionen und die Anschaffung von Vermögenswerten sind demnach Ausgaben, Schuldenaufnahme, Verkauf von Anlagen oder die Auflösung von Finanzanlagen sind Einnahmen" (Kaspers et al. 2017, S. 104).

Gerade der letzte Punkt bringt, vorsichtig ausgedrückt, viele Gestaltungsmöglichkeiten, denn damit lassen sich z. B. durch den Verkauf öffentlicher Güter sehr schnell Einnahmen generieren, durch das Aufschieben von Investitionen Ausgaben vermeiden und es bleibt (zumindest für Außenstehende) unklar, ob und wie die Ausgaben und Einnahmen einem Jahr zuzuordnen sind, oder ob hier über die Maßen „gestaltet" wird.

Demgegenüber hat eine kaufmännische Buchführung (→ 3.2 Buchhaltung und Bilanzierung) den Vorteil, dass eindeutige Zuordnungen auf ein Jahr bezogen möglich sind und z. B. Investitionen oder der Verkauf von Vermögensgegenständen klar erkennbar sind und sich z. B. durch Abschreibungen Neuanschaffungen planbar finanzieren lassen, ohne dass jeweils über neue Finanzmittel entschieden werden muss.

Es lohnt sich, auch bei der Verpflichtung zur Haushaltsführung, zumindest Elemente der kaufmännischen Buchführung oder der (→ 3.8) Kosten- und Leistungsrechnung einzuführen, um jeweils einen aktuellen Überblick und Möglichkeiten zur direkten Steuerung zu erhalten.

3.7 Kontrolle und Aufsicht – ungeliebt, aber notwendig

Kontrolle von außen

So sehr ein Führungsstil durch Vertrauen gekennzeichnet sein muss: Gerade im Bereich der Finanzen sind eine interne und eine externe Kontrolle notwendig. Dies darf nicht mit einem grundsätzlichen Misstrauen gegenüber Personen verwechselt werden, sondern dient der Sicherheit des Einzelnen, der Führungskraft und der gesamten Organisation. Die meisten Finanzskandale der letzten Jahre sind durch eine mangelnde Kontrolle, durch eine nicht stattgefundene oder zu lasche Aufsicht entstanden. Ein zusätzlicher Effekt: Zu wenig Kontrolle schafft Gelegenheit für einzelne Personen, „zuzugreifen".

Vier-Augen-Prinzip

Gerade in finanziellen Bereichen sollte mindestens das Vier-Augen-Prinzip gelten: jede Finanzentscheidung muss von zwei Personen getroffen werden und keine Person kann in eigener Angelegenheit oder zu seinen Gunsten Finanzentscheidungen oder -transaktionen vornehmen. Somit ist die Kontrolle in Finanzangelegenheiten auch Teil eines Risikomanagements (→ 1.12 Risikomanagement).

Aufsichtsstrukturen

In einzelnen Organisationsformen (z. B. einer Aktiengesellschaft) sind z. B. Aufsichtsräte, die getrennt vom operativen Geschäft die Arbeit kontrollieren oder Wirtschaftsprüfungen, vorgeschrieben. Dort, wo diese rechtlich nicht geregelt sind, empfehlen sich Kontrollmechanismen und -instanzen auf jeden Fall. Oft können die externen Institutionen auch wertvolle Rückmeldungen und Ratschläge geben, die das operative Agieren vereinfachen und verbessern können. Risiken der Haftung können durch ein Aufsichtsgremium besser und klarer ermittelt, vermieden, ausgeschlossen oder eingeschränkt werden.

In der Arbeitshilfe der Deutschen Bischofskonferenz (Sekretariat der Deutschen Bischofskonferenz 2014, S. 17) wird die Aufsicht als notwendig für jeden Rechtsträger beschrieben: „Jeder Rechtsträger sollte sich verpflichten, in seiner Satzung bzw. im Gesellschaftsvertrag neben der Geschäftsführung angemessene und wirksame Aufsichtsstrukturen zur Kontrolle der operativen Organe zu installieren. Dies kann durch die Einrichtung entsprechender Organe (Aufsichtsrat, Verwaltungsrat, Stiftungsrat, Beirat) geschehen. Dieses Aufsichtsgremium soll aus mindestens drei, besser aus noch mehr Personen bestehen". Grundsätzlich ist es sinnvoll, das gesamte operative Agieren zu kontrollieren und die Kontrolle nicht nur auf die Finanzen zu beziehen. In allen Bereichen muss aber auch ein ausgewogenes Verhältnis zwischen Vertrauen und Kontrolle im Blick gehalten werden. Grundsätzlich sollte eine Aufsicht bei allen Rechtsformen erfolgen. Beispielsweise bei einer Vereinsstruktur ist qua Satzung ein Vorstand der Mitgliederversammlung gegenüber verantwortlich. Doch ist eine wirksame Kontrolle hier meist kaum möglich, da eine solche in der Regel nur einmal im Jahr tagt: „Insofern scheint es insbesondere bei größeren Vereinen fraglich, ob ohne zusätzliche Installation eines Aufsichtsorgans wirtschaftliche Risiken der Geschäftstätigkeit des Vereins ausreichend überwacht und vermieden werden können. Es empfiehlt sich daher [...] ein zusätzliches Aufsichtsgremium zu installieren, um Kontrollaufgaben gegenüber der Geschäftsführung [...] besser und sachgerechter wahrnehmen zu können" (Solidaris 2007, S. 41).

Ganz wichtig: Weder für den Gesetzgeber, noch für die Justiz werden Unterschiede zwischen haupt- und ehrenamtlicher Kontrolle und Aufsicht gemacht. Verantwortungs- und Haftungsfragen sind die gleichen.

Bei der Einrichtung einer Aufsicht ist vor allem auf folgende Bereiche zu achten:

- *Eigentümer:* Gestaltungsaufgabe Rechtsform, Zweck, Satzung.
- *Zusammenwirken von Geschäftsführung und Aufsicht:* zustimmungspflichtige Geschäfte, Informationen, Beachtung von Interessenkonflikten, Berichterstattung.
- *Geschäftsführung:* Zuständigkeiten, internes Überwachungssystem, Risikomanagementsystem, Jahresabschluss, Zusammensetzung, Vergütung, Interessenkonflikte.
- *Aufsichtsgremium:* Zuständigkeiten, Aufgaben und Befugnisse des/der Vorsitzenden, Zusammensetzung, Vergütung, Interessenkonflikte, Ausschüsse, Sitzungen, Effizienzprüfung.
- *Rechnungslegung:* Gesetzliche Vorschriften, freiwillige Rechnungslegung.
- *Abschlussprüfung:* Zusammenarbeit mit Abschlussprüfung, Arbeit der Abschlussprüfung.

(vgl. Solidaris 2007, S. 49 ff.).

Auch hierbei gilt: Je größer und komplexer eine Organisation, umso bedeutsamer sind die einzelnen aufgeführten Punkte. Bei einem kleinen Verein mit zwei hauptamtlichen Angestellten ist wesentlich weniger Aufsicht und Kontrolle erforderlich als bei einer Organisation mit 100 Beschäftigten in unterschiedlichen Arbeitsfeldern.

Haftung, Verantwortung

Als neue Führungskraft sollten Sie sensibel zum einen in Blick auf die handelnden Personen im Finanzbereich sein, aber dennoch ganz klar Kontrolle und Aufsicht durchsetzen, auch aus eigener Fürsorge und Vorsorge gegenüber einer persönlichen Haftung. Schließlich tragen Sie auch für den ordnungsgemäßen Einsatz der (immer knappen) Finanzen die Verantwortung, die Sie nur zum Teil delegieren können. Kommt es zu einem Finanzskandal in Ihrer Organisation, von wem auch immer verursacht, wird man Ihnen immer mangelnde Kontrollinstanzen vorwerfen können. Je eher Sie vorgesorgt haben, umso eher können Sie diese Vorwürfe entkräften.

3.8 Kosten- und Leistungsrechnung – Aufgaben und Kosten im Blick

Je größer eine Organisation, umso eher müssen die drei Rechenarten der Kosten- und Leistungsrechnung Einzug in das betriebliche Rechnungswesen halten: Kostenstellen, Kostenarten und Kostenträger sind dabei wesentliche Bestandteile. Kosten- und Leistungsrechnung bedeutet dabei, dass Mitarbeiter/innen nicht als „Kostenstellen auf zwei Beinen" gesehen werden, sondern den Kosten immer auch (hoffentlich!) Leistungen gegenüberstehen. Für den Bereich der Kinder- und Jugendhilfe und sicher auch darüber hinaus scheint es sinnvoll die Leistungen des Sozial- und Gesundheitswesens als Investitionen herauszustellen: „Wir alle könnten auf einen Paradigmenwechsel in der gesellschaftspolitischen Wahrnehmung hinwirken, wenn wir ab sofort im Zusammenhang mit der Kinder- und Jugendhilfe nicht länger über Ausgaben und Kosten sprechen, sondern über sinnvolle und notwendige Investitionen" (Beckmann et al. 2018, S. 143).

Überblick über die Finanzflüsse

Bei der Kostenstellenrechnung erhalten Sie den Überblick über die Finanzflüsse in den einzelnen Unternehmensbereichen und Projekten und können, bei den entsprechenden Zahlengrundlagen, Aussagen über den wirtschaftlichen und finanziellen Erfolg einzelner Teile Ihrer Organisation treffen. Aber Vorsicht: Zunächst sollte erkennbar sein, wie die Kostenstelle definiert und wie z. B. Kosten auf die einzelnen Kostenstellen „umgelegt" (im Sinne von verteilt) werden.

Arten und Fragestellungen

Im Überblick stellen die einzelnen Bereiche der Kosten- und Leistungsrechnung die folgenden Fragen:

Art der Kosten- und Leistungsrechnung	Frage	Fragestellung
Kostenartenrechnung	Welche Kosten?	Welche Kosten sind angefallen (z. B. Kosten für Personal oder Büromaterial)?
Kostenstellenrechnung	Wo sind die Kosten angefallen?	An welcher Stelle (in der Organisation, in welchem Projekt) sind die Kosten angefallen (z. B. in der Beratungsstelle A und dem Krankenhaus B)? Wo werden die Leistungen vorgehalten?
Kostenträgerrechnung	Wofür sind die Kosten angefallen?	Für welche (am Markt oder Quasimarkt) angebotenen Produkte oder Dienstleistungen sind die Kosten angefallen (z. B. Fachleistungsstunde oder Pflegesatz)? Welche Leistungen werden (von wem?) gezahlt?

Abbildung 16: Arten der Kosten- und Leistungsrechnung (eigene Darstellung)

Die Abbildung zeigt bereits, dass es bei der Kosten- und Leistungsrechnung darum geht, aus den entstandenen Kosten nach Arten und nach Betriebsbereichen Daten für eine Kalkulation zu ermitteln, wenn z. B. eine Dienstleistung zu berechnen ist. Ein Kostenträger im Sinne der Kosten- und Leistungsrechnung ist ein Produkt oder eine Dienstleistung, dem alle ermittelten Kosten (einschließlich einem evtl. Gewinn) zugeordnet werden. Am Beispiel der Produktion eines Fahrzeuges kann der Preis eines einzelnen Fahrzeuges als Kostenträger dargestellt werden: hier werden alle entstehenden Kosten „eingerechnet", also z. B. Kosten für Material, für Personal, für Werbung, für die Produktionshalle, für den Vorstand, die Kantine, die Werbespots im Fernsehen, den Vertrieb, die Versicherung, die Kreditkosten, die Kosten für Streiks, etc. In diesem Fall muss die Produktionsfirma also so kalkulieren, dass mit dem Verkauf von Fahrzeugen alle Kosten abgedeckt werden und noch ein Puffer bleibt für einen Gewinn und für Unvorhersehbares.

Kostenartenrechnung

Zunächst ein Blick auf die Kostenartenrechnung: Hier sind verschiedene Arten von Erlösen darzustellen, Kaspers et al. (vgl. 2017, S. 125) schlagen folgende Gliederung vor:

1. Erlöse
2. Personalaufwand
3. Raumkosten
4. Sonstiger Sachaufwand
5. Umlagen

Die einzelnen Gliederungspunkte werden dann noch entsprechend den Bedarfen untergliedert.

Kalkulatorische Kosten

Gerade in Organisationen des Sozial- und Gesundheitswesens sind mit den o. g. Kosten nicht alle Bereiche abgedeckt, beispielsweise der Wert der ehrenamtlichen Arbeit. Daher bedient man sich hier der sogenannten „kalkulatorischen Kosten": „Kalkulatorische Kosten sind für unternehmensinterne Zwecke sinnvoll, etwa für die Preiskalkulation oder aber für die mittel- und langfristige Planung. So wird ein Sozialunternehmen z. B. langfristig auch das eingesetzte Eigenkapital und die Abnützung des kostenlos überlassenen Fahrzeugs in die Kosten der Leistung einrechnen, um sich Klarheit zu verschaffen, wie viel die Leistung wirklich kostet" (Kaspers et al. 2017, S. 127).

Kostenstellenrechnung

Bei der Kostenstellenrechnung muss zunächst überlegt werden, welche Kostenstellen in der Organisation sinnvoll abgrenzbar sind, entweder regional (Kita in A-hausen, Kita in B-berg und Kita in C-Stadt), anhand von Organisationsbereichen (Jugendmigrationsdienst, Kinderheim, Jugendhilfezentrum) oder nach anderen Kriterien (z. B. Kinder- und Jugendhilfe, Altenhilfe, Beratungsdienste). Einzelkosten sind direkt zuzuordnen, z. B. das Spielmaterial für die Kita in A-hausen, während Gemeinkosten zwischen einzelnen Kostenstellen aufgeteilt werden müssen, z. B. die Reinigungskraft, die in der Kita in B-berg und C-Stadt reinigt. Über einen Betriebsabrechnungsbogen lassen sich dann die Kosten einer Organisation so lange umverteilen, bis die gesamten Kosten den Kostenstellen zugeordnet sind. Die Gemeinkosten sind nach einem entsprechenden Schlüssel (der je nach Betrieb vorgeschrieben ist (bei Reinigungskosten bietet sich z. B. die Raumgröße als Schlüssel an)) zuzuordnen. Mit einer solchen Kostenstellenrechnung können dann (zumindest die Kosten) der einzelnen organisatorischen Bereiche miteinander verglichen werden.

Kostenträgerrechnung

Bei der bereits erwähnten Kostenträgerrechnung[8] ist grundsätzlich zwischen einer Kostenträgerstückrechnung und einer Kostenträgerzeitrechnung zu unterscheiden. Erstere berechnet die Kosten pro „Stück", d. h. pro Einheit, z. B. ein Pflegeplatz in einem bestimmten Pflegegrad. Die Kostenträgerzeitrechnung berechnet eine Leistung pro Zeiteinheit, z. B. die Fachleistungsstunde eines Psychologen in der Kinder- und Jugendhilfe.

Eine Unterscheidung in der Kostenrechnung ist die zwischen einer Ist- und einer Plan-Kosten-Rechnung: „Die Ist-Kostenrechnung dient […] vorrangig der Ermittlung von Ergebnissen, der nachträglichen Analyse des wirtschaftlichen Handelns und des Einzelbeitrags von Leistungen oder Kostenstellen. Die Plan-Kostenrechnung dient der Ermittlung von Kalkulationsgrößen, der Planung, der Einschätzung von Potenzialen und – in Form von Budgets – der Steuerung von Organisationen" (Kaspers et al. 2017, S. 171).

Zweck: Transparenz, Steuerung, Qualität

Alle Elemente der Kostenrechnung dienen der Transparenz und Steuerung, daher sollten Sie als neue Führungskraft hier einen schnellen Einblick erhalten und nachvollziehen können, wie Kosten und Leistungen ermittelt werden. Wird (noch) keine Kosten- und Leistungsrechnung vorgenommen, so sollten Sie (ggf. unter Hinzuziehung einer externen Fachberatung) überlegen, welche Elemente einer Kosten- und Leistungsrechnung für Ihre Zwecke der Steuerung und Weiterentwicklung der Organisation von Bedeutung sind.

---

[8] Hier ist der Kostenträger-Begriff nicht zu verwechseln mit dem sonst üblichen Begriff, der Finanzgeber meint!

Kosten und Leistungen zu kalkulieren bedeutet auch eine Verantwortung für die Qualität der Arbeit zu übernehmen. Gerade in Verhandlungen mit Finanzgebern sollten auch Qualität und Leistungsumfang Gegenstand und damit von Bedeutung sein. Verhandlungen können auch dazu führen, sich aus Arbeitsfeldern zu verabschieden im Sinne einer „Exit"-Strategie, wenn die (eigenen fachlich begründeten) Ansprüche an die Qualität der Arbeit nicht mit den zur Verfügung stehenden Mitteln umgesetzt werden können. In einer Marktsituation wird sich eine andere Organisation finden, die hier „einspringt", das mag auf den ersten Blick nicht immer einfach sein, scheint aber auf lange Sicht oft eine bessere Option zu sein, um z. B. die eigene Reputation bezogen auf Qualität aufrechtzuerhalten.

3.9 Sponsoring – Geschäfte auf Gegenseitigkeit

Gegenseitiger Vertrag

Während es sich beim Fundraising generell um die Beschaffung von Ressourcen handelt, steht beim Sponsoring das Geschäft auf Gegenseitigkeit im Vordergrund, das sinnvollerweise auf jeden Fall auch eines Vertrages bedarf, in dem die gegenseitigen Erwartungen, Leistungen und Vereinbarungen beschrieben sind. Sponsert z. B. ein Getränkehändler den Tag der offenen Tür der Einrichtungen für Menschen mit Beeinträchtigungen, muss darauf geachtet werden, wie Leistung (z. B. Art und Umfang der Getränkebereitstellung) und Gegenleistung (z. B. Banner mit Werbung für den Getränkelieferanten, Benennung in Publikationen, Bindung an den Getränkelieferanten für die Zukunft) beschrieben werden. Außerdem hat Sponsoring in aller Regel auch Auswirkungen auf Besteuerung. Schließlich muss überlegt werden, ob beide Vertragspartner miteinander „kompatibel" sind, so wird beispielsweise ein Hersteller alkoholischer Getränke kaum zu einer Alkohol-Entzugsklinik passen.

Steuerrechtliche Behandlung

„Unter Sponsoring wird üblicherweise die Gewährung von Geld oder geldwerten Vorteilen durch Unternehmen verstanden, mit der regelmäßig auch eigene unternehmensbezogene Ziele der Werbung und Öffentlichkeitsarbeit verfolgt werden. Art und Umfang der Leistungen des Sponsors und des Empfängers sind häufig in einer Sponsoringvereinbarung geregelt" (Bayerisches Staatsministerium 2015, S. 85). Demnach sind für das Wirtschaftsunternehmen, das eine Gegenleistung (z. B. Ansehen in der Gesellschaft) anstrebt, Ausgaben für Sponsoring Betriebsausgaben und keine Spenden. Von Seiten der Organisation, die Mittel vom Unternehmen im Rahmen des Sponsorings erhält, sollte diese Einnahme unbedingt auf die steuerrechtliche Behandlung geprüft werden: „Grundlegender Unterschied zum Fundraising ist die Gegenleistung, die Unternehmen beim Sponsoring erhalten. Es handelt sich um „erwirtschaftete Einnahmen" und führt somit zu einem eindeutig unternehmerischen Handeln" (Birzele/Schmeißer 2019, S. 24).

Typische Fehler

Urselmann nennt eine Reihe von Fehlern, die beim Sponsoring gemacht werden können:

- Überschätzung eigener Fähigkeiten
- Mündliche Zusatzvereinbarungen
- Unsachgemäßer Umgang mit zur Verfügung gestellten Ressourcen
- Unklare Kompetenz- und Verantwortungsbereiche

- Nachträglich erhobene Forderungen
- Zu hohe Erwartungen an zukünftige Zusammenarbeitsformen
- Geringer Informationsaustausch
- Mangelnde Orientierung an Bedürfnissen der Sponsoringpartner
- Mangelhafte interne Abstimmung
- Unterschätzung der Komplexität der Sponsoring-Maßnahmen

(vgl. Urselmann 2014, S. 726)

Oft wird sehr locker und leicht mit dem Begriff des Sponsorings umgegangen. Es ist wichtig, sich bewusst zu werden, dass Sponsoring ein Vertrag auf Gegenseitigkeit ist und so abgegrenzt werden kann zu Spenden und zum Fundraising. In der Gegenseitigkeit wird von beiden Seiten etwas verlangt. Das kann z. B. darin bestehen, dass der „gute Name" der Sozialorganisation im Zusammenhang mit dem geldgebenden Wirtschaftsunternehmen gebracht wird und so zur Werbung dient. Wenn Fundraising in einem weiten Sinne als Ressourcen akquirieren verstanden wird, kann Sponsoring allenfalls ein Teilbereich von Fundraising sein.

3.10 Sozialwirtschaftliches Dreieck – mehr als eine Kund/innenbeziehung

Wenn Sie als Verbraucher in einem Geschäft eine Ware oder Dienstleistung kaufen, sind Sie in aller Regel als Kunde sowohl Nutzer/in als auch Finanzgeber/in. Im Sozial- und Gesundheitssektor ist dies deutlich anders. In einem Krankenhaus ist der/die Patient/in zwar Nutzer/in der Leistung, die Leistung wird aber in den meisten Fällen durch die gesetzliche oder private Krankenversicherung gezahlt. Für die leistungserbringende Organisation sind daher mindestens zwei Kund/innenbeziehungen von Bedeutung: Die gegenüber der/der Nutzer/in und die gegenüber den Finanzgeber/innen.

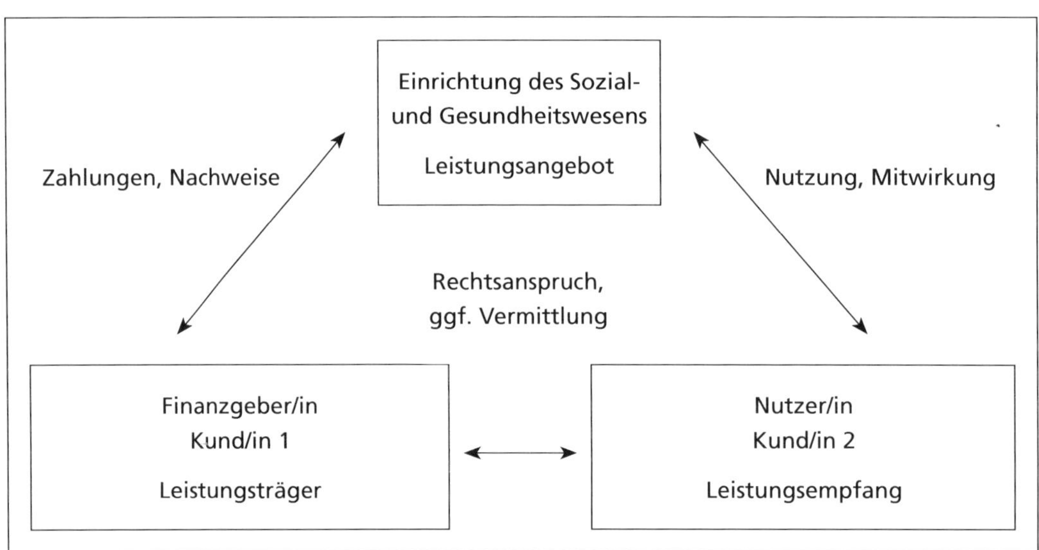

Abbildung 17: sozialwirtschaftliches Dreieck (eigene Darstellung)

In diesem Dreiecksverhältnis finden die Finanzflüsse in der Regel auf der linken Seite statt, die Leistungen auf der rechten Seite. Naturgemäß ist der/die Kund/in 2 als Klient/in oder Patient/in meist weniger in die Gestaltung, Qualität und Finanzierung der Leistung eingebunden und hat daher einen Informationsnachteil, während Finanzgeber/innen weniger den direkten Nutzen oder die Wirkung der Leistung wahrnehmen, sondern eher die Kostenseite sehen. Zumindest teilweise lassen sich diese Defizite durch eine Wirkungskontrolle und durch Maßnahmen der Qualitätssicherung und -entwicklung (→ 1.11 Qualitätsmanagement) verringern und beseitigen.

Beziehungspflege

Als Führungskraft sollten Sie stets gute Beziehungen zu beiden Seiten pflegen, um im Sinne der unterschiedlichen (→ 1.14) Stakeholder/innen ihre Leistungen zu optimieren und ggf. zum Nutzen beider Seiten zu optimieren.

3.11 Ressourcen – mehr als Finanzen

Natürlich, und das sei hier auch und gerade im Zusammenhang mit den Finanzen erwähnt, gehen Ressourcen weit über die finanziellen Ressourcen hinaus und sollten ebenso in den betrieblichen Abläufen Berücksichtigung finden und beachtet werden. Traditionell werden in den Wirtschaftswissenschaften die so genannten Produktionsfaktoren Boden, Arbeit und Kapital als Ressourcen angesehen.

Personelle Ressourcen

Gerade im Gesundheits- und Sozialsektor ist die „Arbeitskraft" in Gestalt der Mitarbeiter/innen eine solche wichtige Ressource. Gleiches gilt für das Wissen dieser Mitarbeiter/innen, auch dieses ist als Ressource anzusehen.

Umweltressourcen

Neben den personellen Ressourcen ist auch auf Umweltressourcen (als „Boden") zu achten. Neuere Bemühungen gehen dahin, solche Ressourcen auch in eine Bilanzierung einzubeziehen und ihnen damit auch „offiziell" Bedeutung beizumessen (vgl. hierzu Sprinkart 2015).

In Anlehnung an Schellberg (2017, S. 42) kann ein soziales Unternehmen als Organisation dargestellt werden, in die Ressourcen unterschiedlicher Art (Personal, Material, Kapital) einfließen, die durch Leistungen im Unternehmen zum einen Bedürfnisse und Bedarfe erfüllen und zum anderen (finanziell) vergütet werden:

Ressourcennutzung und -vergütung

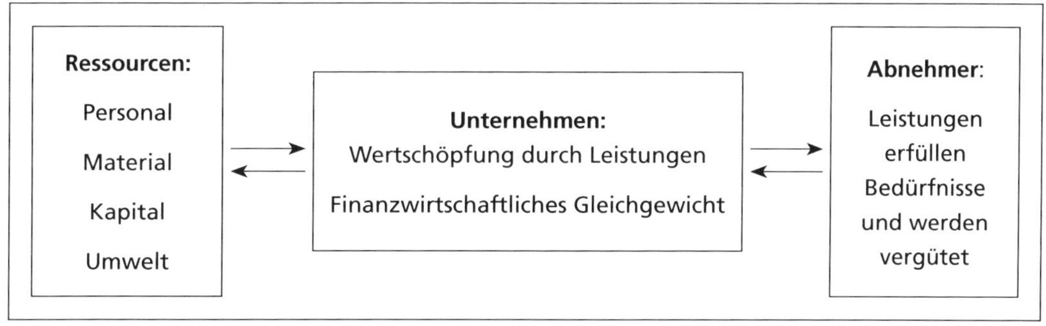

Abbildung 18: Ressourcennutzung und -vergütung in einem Unternehmen (vgl. Schellberg 2017, S. 42)

An diesem Schaubild lässt sich aufzeigen, ob und wie die Ressourcen auch tatsächlich eine Vergütung erfahren. Wird beispielsweise die Arbeitskraft ausgenutzt oder auf

Kosten der Umwelt gearbeitet (Externalisierung der Kosten), so bereichert sich ein Unternehmen auf Kosten der Ressourcen. Umgekehrt ist es zumindest denkbar, dass ein Unternehmen mehr für Ressourcen zahlt als es sie nutzt, dies wäre (zumindest finanziell) unwirtschaftlich. In diesem Zusammenhang können auch die Modelle eines „Social Return on Invest" Bedeutung erlangen, im Sinne eines Rückflusses von Sozialkapital, denkbar wäre auch ein „Ecological Return on Invest", also eines Rückflusses zugunsten der Umwelt.

Oft wird von Personal als der wichtigsten Ressource gesprochen und geschrieben, doch manchmal erscheint es, dass nur das zählt, was auch zählbar und damit messbar ist. Gerade in Gesundheits- und Sozialorganisationen sind immaterielle Güter und Ressourcen oft ebenso entscheidend oder noch wesentlicher für Erfolge als Medikamente, Operationen oder angewandte Methoden. Der Mensch, die Interaktion, die gegenseitige Arbeitsbeziehung sind hierbei oft wichtiger.

Für die neue Führungskraft heißt der Umgang mit Ressourcen: Wie können diese ohne Verschwendung optimal genutzt werden und wie kann der Beitrag des Unternehmens gleichermaßen für die unterschiedlichsten Kund/innengruppen (→ 3.10 Sozialwirtschaftliches Dreieck) optimiert werden. In Zeiten eines stärker werdenden nachhaltigen Bewusstseins sind auch soziale und ökologische Belange zu beachten (→ 1.9 Nachhaltigkeit).

3.12 Checkliste Finanzen

Thema/Fragestellung	Dringlichkeit, Prioritäten			IST			SOLL		
Beispiel: Budget		*2*		*1*					*3*
	Kaum Übersicht			*Keine delegierte Budgetverantwortung*			*Klare Budgetierung*		
Betriebliches Rechnungswesen: Welche Aussagen über die Vergangenheit sind möglich?									
Betriebliches Rechnungswesen: Welche (relevanten) Vorgänge werden abgebildet, welche nicht?									
Buchhaltung und Bilanz: Wie ist der aktuelle Stand der Finanzen, welche Risiken sind vorhanden/absehbar?									
Buchhaltung und Bilanz: Wie werden Buchhaltung und Bilanz (unabhängig) geprüft, welche Ergebnisse ergaben die letzten Prüfungen?									
Budget: Wie ist die Verantwortung für Budgets geklärt?									
Budget: Wie werden Kosten und Leistungen für einzelne Einheiten geplant?									
Finanzierung: Aus welchen Mitteln wird finanziert? Wie ist die Finanzierung für laufende und zukünftige Projekte abgesichert?									
Finanzierung: Wie haben sich Kennzahlen der Bilanz (Eigen-/Fremdkapital) entwickelt?									
Fundraising: Werden Möglichkeiten des Fundraisings professionell genutzt?									
Fundraising: Wie ist die Organisation nach innen in Bezug auf Fundraising ausgerichtet?									
Haushalt: Welche Aussagen über die Lage der Organisation lässt der Haushalt zu?									

Thema/Fragestellung	Dringlichkeit, Prioritäten			IST			SOLL		
Beispiel: Budget		*2*		*1*					*3*
	Kaum Übersicht			*Keine delegierte Budgetverantwortung*			*Klare Budgetierung*		
Haushalt: In welchem Maße werden längerfristige Investitionen im Haushalt erkennbar bzw. finanzierbar dargestellt?									
Kontrolle und Aufsicht: Wer übt mit welchem Grad von Unabhängigkeit Kontrolle und Aufsicht in der Organisation insbesondere in Bezug auf die finanziellen Mittel aus?									
Kontrolle und Aufsicht: Wie sind Gremien der Kontrolle und der Aufsicht in die Organisation mit welchen Befugnissen und Regelungen eingebunden?									
Kosten- und Leistungsrechnung: Wie ist die Kosten- und Leistungsrechnung in der Organisation aufgebaut?									
Sponsoring: Welche Regeln, Absprachen und Grundlagen für ein Sponsoring sind vorhanden, welche erscheinen notwendig?									
Sozialwirtschaftliches Dreieck: In welchem Verhältnis steht die Organisation zu ihren wichtigsten Kund/innen/Nutzer/innen/Finanzgeber/innen?									
Ressourcen: Welche Ressourcen außerhalb von finanziellen Mitteln spielen wie eine Rolle in der Organisation?									

4. Personal: Gewinnen, führen und halten

Begriffsbestimmung

Personal meint zunächst einmal die Mitarbeiterinnen und Mitarbeiter in der Organisation. Diese gilt es (nicht nur im Rahmen der Personalrekrutierung) zu gewinnen, zu führen und dauerhaft zu halten. Einen erweiterten Personalbegriff schlägt Ribbeck vor, der die unterschiedlichen Dimensionen der „Personalarbeit" oder des „Personalmanagements" verdeutlicht: „Der Begriff ‚Personal' ist dabei in einem weiten Sinne zu verstehen. Er bezieht sich nicht nur auf Mitarbeiter/-innen, sondern inkludiert Wissen, Fähigkeiten und Kompetenzen. Im betriebs- bzw. personalwirtschaftlichen Sinne werden mit dem Personalbegriff auch die damit verbundenen Strukturen (Stellen, Arbeitszeit, Qualifikation, etc.) und Kosten verstanden" (Ribbeck 2019, S. 19).

Wenn Personal in diesem Sinne zentral für eine Organisation ist, dann gilt es diesem Personal auch die ihm gebührende Aufmerksamkeit in allen Formen und Stufen des Personalmanagements zu widmen. Das fängt schon bei der Suche nach geeigneten Personen an, schließt die Arbeit mit dem vorhandenen Personal ein und legt auch ein Augenmerk auf die Personen, die die Organisation, aus welchen Gründen auch immer, verlassen oder verlassen müssen. Gerade der Umgang mit Mitarbeiter/innen trägt wesentlich zum Image und zur Reputation eines Unternehmens im Sozial- und Gesundheitswesen bei. Als so genannter „weicher Faktor" trägt er zum Erfolg bei und ist Gegenstand von Gesprächen, Gerüchten und Kommunikation auf dem „Arbeitsmarkt". Zu erwarten ist, dass die (berichteten und erzählten) tatsächlichen Erfahrungen der Mitarbeiter/innen in der Organisation stärker dazu beitragen, dass sich potenzielle Bewerber/innen für die Organisation als Arbeitsstelle interessieren als mehr oder weniger professionelle Imagekampagnen.

4.1 Anreize und Incentives – mit Vorsicht zu genießen

Motivation

Am bedeutsamsten, gerade in der Sozial- und Gesundheitswirtschaft, ist die intrinsische Motivation, also die Motivation, die von innen kommt. Diese gilt es (→ 4.9 Motivation) zu stärken, eine Motivation von außen durch Anreize wirkt dagegen eher manipulativ und korrumpiert. Die beste Belohnung ist daher das Ernstnehmen des/der Mitarbeitenden als Person. „Je mehr uns also jemand belohnt, desto mehr betont er unsere Fremdbestimmung. Und wer sich belohnen läßt, bestätigt die Fremdbestimmung: „Ich tue nicht das, was ich will, sondern das, was du willst" (Sprenger 1997, S. 98). „Eine Belohnung in Aussicht zu stellen, weist also darauf hin, daß es sich nicht lohnt, die Sache um ihrer selbst willen zu tun: Folgerichtig bezahlt man gleichsam eine Schmutz-Zulage. Alle psychologischen Studien bestätigen: Je höher der materielle Anreiz, desto negativer ist die Meinung der Menschen über die erforderliche Tätigkeit" (Sprenger 1997, S. 99).

Entlohnung als Wertschätzung

Das bedeutet jedoch nicht, dass gute Arbeit keine Anerkennung verdient und keine ordentliche Bezahlung. Beides muss (oder zumindest sollte) natürlich erfolgen, jedoch nicht im Sinne einer Dressur, sondern im Sinne der Ernstnahme und Wertschätzung erwachsener Menschen. Auch gilt es zu beachten, dass die „Ent-Lohnung" sich daran bemisst, dass die Menschen auch ein würdiges und angemessenes Leben gestalten können. An diesem Punkt ist eine reine Orientierung „am Markt" (der in diesem Feld bedeutet: niedrige Löhne für untere Hierarchiestufen und hohe Löhne für obere Hierarchiestufen) im Sinne eines gerechten und auskömmlichen Lohnes nicht zielführend, zumal dann nicht, wenn die besser bezahlten Personen in einem Unternehmen ein nicht nachvollziehbares Mehrfaches (teilweise ein über Hundertfaches) der geringsten Lohnstufe erhalten. Dass extreme Unterschiede im Gehaltsgefüge Negativwirkungen haben, zeigt Felber mit dem Verweis auf diverse Studien (u. a. Wilkinson und Pickett 2009) auf: „dass solche Unterschiede

- weder Leistung noch Verantwortung fördern;
- die Reichen nicht glücklich, sondern gierig machen;
- die Armen sich minderwertig (in jedem Sinn) fühlen lassen;
- Unbehagen, Stress, Krankheiten und Sterblichkeit fördern;
- zu einem Anstieg von Misstrauen, Aggression und Kriminalität führen" (Felber 2014, S. 87).

Bezogen auf monetäre Anreize schreiben Pfeffer und Sutton klar: „If people are there for the money [...] then they will do what it takes to get the money, regardless of what is. Much better, it would seem, to have people who actually have some interest in the company, its customers, its products and services, and its values." (Pfeffer und Sutton 2006, S. 125). Wilkinson und Pickett machen darauf aufmerksam, dass die Ungleichheit in den Unternehmen auch Auswirkungen auf die Gesellschaft als Ganzes hat und dass ein höheres Maß an Gleichheit positive gesellschaftliche Auswirkungen hat. „Wir haben keinen Grund, den Reichen dankbar zu sein, denn wir können sehr wohl erkennen, wie und wo sie das Gewebe der Gesellschaft schädigen" (Wilkinson und Pickett 2009, S. 301). „Würde man Ungleichheit verringern, würde dies das Wirtschaftssystem nicht nur stabiler machen, sondern auch zu nachhaltigen Entwicklungen in Gesellschaft und Umwelt erheblich beitragen" (a. a. O., S. 302) (→ 1.9 Nachhaltigkeit).

Man mag hier anführen, dass die Gehälter im Sozial- und Gesundheitsfeld nicht allzu üppig in Vergleich zu anderen Branchen sind, dennoch: es lohnt sich nicht Personen einzustellen, deren wichtigste Motivation in materiellen (An-)Reizen liegt.

Vor- und Nachteile

Anreize und Incentives können negative und positive Reaktionen hervorrufen: „Das Herausheben der Leistung der einzelnen Person führt nahezu automatisch dazu, dass dadurch andere Teammitglieder mit ihrer Leistung nicht beachtet werden oder zumindest dieses Gefühl zu Demotivationen führen kann. Gerade in Veränderungsprozessen sind Anreize für diejenigen wichtig, die einen neuen Weg einschlagen; sie haben dabei eher einen symbolischen Charakter auf die gesamte Organisation hin" (Schneider 2017, S. 161). Einen weiteren Nachteil haben Anreizsysteme: Sie lassen sich nur sehr schwer wieder deinstallieren und mindern die intrinsische Motivation.

4.2 Delegation – mehr als kontrolliertes Vertrauen

Je größer eine Organisation, umso weniger möglich ist es auf der einen Seite, als Führungskraft alles zu überblicken, umso wichtiger ist es auf der anderen Seite, Aufgaben, Verantwortungen und Kompetenzen an Mitarbeiter/innen abzugeben (→ 4.10 Partizipation). Vom lateinischen Ursprung des Wortes (delegare) geht es um „schicken, anvertrauen und übertragen".

Vertrauen notwendig

In zweierlei Weise ist Delegation mit Vertrauen verknüpft: Delegation zeigt Vertrauen und baut Vertrauen auf. Allerdings nur, wenn Delegation Freiheitsgrade zulässt, klare Aufgaben benennt und die Ergebnisse erkannt und besprochen werden (vgl. Schneider 2017, S. 152). Delegation bedarf der eindeutigen Botschaft und überträgt Befugnisse und Macht.

Fragen im Vorfeld

Daher sollten im Vorfeld der Delegation folgende Fragen beachtet und bedacht werden:

- Was genau ist die Aufgabe?
- Welches Ergebnis wird erwartet?
- Wie ist die Kommunikation zu gestalten, wenn Ziele nicht erreicht und Ergebnisse nicht erzielt werden können?
- Welche Möglichkeiten einer freien Gestaltung der Aufgabe sind vorhanden?
- Wer muss wem berichten?
- Welche Mitarbeiter/innen, Kolleg/innen sind an welcher Stelle zu beteiligen?
- Über welche Ressourcen kann verfügt werden (gerade beim Projektmanagement sollte bspw. klar kommuniziert werden, in welchem Umfang auf die Arbeitskraft anderer zugegriffen werden kann)?
- Unter welchen Bedingungen, wann wird eine Delegation beendet?

Als Führungskraft bleiben Sie auch für die delegierte Aufgabe letztverantwortlich, was jedoch nicht heißen darf, dass Sie sich an jeder Stelle „einmischen", dies würde das Vertrauen enttäuschen und sicherlich auch die Kreativität und den Tatendrang des/der Mitarbeiter/in bremsen. Dennoch kann es unter bestimmten Voraussetzungen erforderlich sein „einzugreifen". Das gelingt umso besser, je klarer dies, ggf. vorher oder in der Situation, kommuniziert wird.

Befähigung, Unterstützung

Das Beispiel der Subsidiarität aus der christlichen Sozialethik kann hier als Beispiel stehen: „Eine jeweils höhere Einheit darf nicht alle Aufgaben der kleineren Einheit übernehmen, die höhere Einheit muss aber „Hilfe zur Selbsthilfe" dergestalt leisten, damit die kleinere Einheit ihre Aufgaben auch erfüllen kann" (Schneider 2020a, S. 2). Für die Delegation bedeutet dies: Die Mitarbeiter/innen müssen für die Aufgaben auch befähigt und unterstützt werden, um verantwortlich an ihrer Stelle zu handeln.

Delegation kann Führung nicht ersetzen, sie kann aber Führung „übersichtlicher" machen und Verantwortung auf mehrere Schultern verteilen und damit auch Motivation und Identifikation mit der Aufgabe und der Organisation fördern.

4.3 Ehrenamtliche führen – Freiwillige haben (auch) andere Motive

Wer ehrenamtliche Mitarbeiter/innen führt, muss davon ausgehen, dass diese sich aus ganz unterschiedlichen Motiven freiwillig engagieren. Diese Motive, die durchaus auch bei hauptamtlichem Personal vorhanden sind, müssen angesprochen werden. Das Motiv „Geld verdienen" kann bei Ehrenamtlichen noch weniger zum Zuge kommen als bei Hauptamtlichen.

Gelingende Zusammenarbeit von Haupt- und Ehrenamtlichen

Vielfach sind gerade in Sozialorganisationen sowohl haupt- als auch ehrenamtliche Mitarbeiter/innen tätig. Damit hier eine gute Zusammenarbeit gelingen kann, sind einige grundlegende Dinge erforderlich:

- *Haltung:* Wenig förderlich ist eine Haltung, die zwischen „bezahlt" und „unbezahlt" unterschiedet, besser ist eine Aufteilung nach den jeweiligen Kompetenzen: Ehrenamtliche bringen Zeit, Beziehung und Kompetenzen aus ihrem Beruf bzw. ihrer Tätigkeit außerhalb der Organisation ein, Hauptamtliche hingegen bringen eine spezifische Ausbildung, Methodenknowhow und eine begrenzte Arbeitszeit ein.
- *Abgrenzungen mit Überschneidungen:* Zuständigkeiten müssen klar abgegrenzt werden, so ist es z. B. nicht förderlich, wenn ein ehrenamtlicher Helfer als Krankheitsvertretung für eine hauptamtliche Beraterin tätig wird oder Ehrenamtliche nur für Hilfsarbeiten (aus)genutzt werden. Jede Seite benötigt ihren speziellen Kernarbeitsbereich. Dennoch muss und sollte es Überschneidungen geben, in gemeinsamen Aufgaben. Gerade von den hauptberuflichen Mitarbeiter/innen muss auch verlangt werden können, dass sie außerhalb der üblichen Arbeitszeiten (in begrenzten Maße) für gemeinsame Gremien und Veranstaltungen zur Verfügung stehen.
- *Ehrenamtliche Arbeit fördern:* Das große Plus von Organisationen mit ehrenamtlichen Mitarbeiter/innen sollte darin bestehen, dass eine solche Organisation stärker in einer Zivilgesellschaft verankert ist und mehr leisten kann als dies bei einer rein hauptamtlichen Struktur möglich ist. Daher gilt für die Führungskraft in besonderem Maße, dieses Engagement zu fördern und zu unterstützen. Erforderlich ist eine wertschätzende Kultur und das Bewusstsein der gegenseitigen Bedingtheit von Haupt- und Ehrenamt. Regelmäßige organisierte Zusammenarbeitsformen, gemeinsame Fortbildungen, Feiern und die Förderung der Motivation auf beiden Seiten sind hier wichtig.
- *Verantwortung von Ehrenamtlichen fördern:* In manchen Fällen (z. B. in Jugendverbänden) werden hauptberufliche Mitarbeiter/innen durch Ehrenamtliche geführt, die vorher von den gleichen Personen geschult und begleitet wurden. In Wohlfahrtsorganisationen verantworten ehrenamtliche Vorstände oder Aufsichtsräte das Wohl und Wehe von millionenschweren Organisationen mit teilweise über 1.000 Mitarbeiter/innen. Gerade für hauptberufliche Führungskräfte, die zwischen ehrenamtlichen Vorständen und ehrenamtlichen Mitarbeitenden stehen, ist sowohl ein Austarieren der unterschiedlichen Interessen wichtig, aber auch eine hohe Professionalität, die klare Abgrenzungen ermöglicht und zudem die Ehrenamtlichen darin fördert, die (→ 1.16) Verantwortung sach-, zeit- und aufgabengerecht zu erfüllen. Dabei ist es auch notwendig, diese Verantwortungsfähigkeit zu unterstützen und zu ermöglichen. Hierbei ist auch die Arbeit in (→ 2.6) Gremien unerlässlich.
- *Professionelles Personalmanagement auch für Ehrenamtliche:* Zur Förderung gehört auch, neben Einstiegen in Verantwortung auch Ausstiege mitzugestalten (→ 4.12 Personalentwicklung). So gut wie eine Identifikation mit der Arbeit ist, so schwierig ist manchmal auch der würdige Ausstieg aus einer ehrenamtlichen Funktion. Je nach lebensbiographischer Situation ist bei jungen Menschen der Ausstieg aus einem Ehrenamt oft durch berufliche und private Mobilität, durch Berufstätigkeit oder Familiengründung bestimmt. Bei älteren Engagierten stehen oft die Zugehörigkeit

zu einer Gemeinschaft und der Inklusionsgedanken im Vordergrund ihrer Motivation (vgl. Kubisch und Störkle 2016). Mit einem Ausstieg sind bei dieser Altersgruppe auch Verlust- und Exklusionsängste verbunden. Ebenso sollte die Weiterentwicklung von Aufgaben und der Person durch Fort- und Weiterbildung systematisch unterstützt werden. Hier liegt eine besondere Verantwortung der Führungskraft.

Motive für freiwilliges Engagement

Aus den Ergebnissen des Freiwilligensurveys von 2014 lässt sich erkennen, dass die wesentlichen Motive für freiwilliges Engagement die folgenden sind:

- Spaß haben
- Mit anderen Menschen zusammenkommen
- Gesellschaft mitgestalten
- Mit anderen Generationen zusammenkommen (vgl. Bundesministerium 2016, S. 38)

Hier einige Erkenntnisse aus einer Studie des Kolpingwerkes, die für den Umgang und die Führung von ehrenamtlichen Mitarbeiter/innen auch in anderen Organisationen als wichtig erscheinen:

Motive für das Engagement sind:

1. Wunsch, mit dem Engagement persönliche Werte auszudrücken
2. Förderung sozialer Gerechtigkeit durch das Ehrenamt
3. Erfahrungen über andere Menschen und Situationen sammeln; Erweiterung der eigenen Fähigkeiten; Entscheidungen treffen und Verantwortung übernehmen

Ursachen für Konflikte:

1. Ungerechte Verteilung der Arbeit
2. Wenig respektvolle Behandlung; geringes Interesse an den Erfahrungen/Meinungen Engagierter
3. Unterschiedliche Ansichten über die Ausführung von Tätigkeiten

Engagement-Barrieren:

1. Begrenzte Zeitreserven
2. Geringe gesellschaftliche Wertschätzung
3. Erwerbsarbeit (vgl. Hillenbrand 2018, S. 12)

Im Umkehrschluss bedeutet dies, Arbeiten gerecht zu verteilen, den Ehrenamtlichen „Ehre" im Sinne von Wertschätzung zuteilkommen lassen und für klare Aufgaben und Aufgabenverteilung sorgen. Stärker als im hauptamtlichen Bereich müssen sowohl bei der Gewinnung von ehrenamtlichen Mitarbeiter/innen als auch bei der Führung dieser intrinsische Motive gefördert werden (→ 4.9 Motivation). In diesem Sinne ist der alt anmutende Begriff des „Ehrenamtes" weiterführend, weil er als Motiv und als „Bezahlung" die „Ehre" verdeutlicht, während der Begriff des Freiwilligen diesen Aspekt außer Acht lässt.

4.4 Einarbeitung neuer Mitarbeiter/innen – nicht dem Zufall überlassen

Ein-Sozialisation

Bei neuen Mitarbeiter/innen ist eine Einarbeitung bedeutsam, weil in den ersten Tagen der Grundstein für die Zusammenarbeit in der Organisation, sozusagen die „Ein-Sozialisation" in die Organisation erfolgt und zwar in dem doppelten Sinne: Die Regeln und Werte der Organisation werden idealerweise vorgelebt, eingeübt und übernommen. Auf der anderen Seite bringen sich die „Neuen" in die Organisation ein und setzen hier idealerweise Akzente durch ihre Talente, Fähigkeiten und Ideen. Gerade letzteres ist wichtig, nur wer seine Aufgabe als wichtig für das Ganze erlebt, wird auch eine Zufriedenheit mit der Arbeit verspüren.

Einarbeitung: Grundstein für die Bindung

Bei der Einarbeitung sollte die neue Führungskraft (und selbstverständlich der/die verantwortliche Vorgesetzte/r des/der neuen Mitarbeiter/in) eine gewichtige Rolle mitspielen. Die Identifikation mit der Organisation sollte selbst bei größeren Organisationen nie allein Sache der Personalabteilung sein. Sind doch gerade die ersten Tage und Wochen in einer neuen Einrichtung prägend, hier gilt es Grundlagen für die Bindung und Loyalität zu legen. Die Einarbeitung beginnt bereits mit der Zuschreibung von Zielen und Aufgaben einer Stelle. Dies kann nur begrenzt abstrakt (ohne Bezug auf den/die Stelleninhaber/in) geschehen und ist immer auch mit einer naturgemäßen Vorläufigkeit verbunden. Spätestens mittelfristig sollten Aufgaben und Person optimal aufeinander zugeschnitten sein.

Einarbeitung hat die Aufgabe, Orientierung zu bieten, den Arbeitsbereich, die Arbeitsumgebung personeller und sachlicher Art kennenzulernen und den Boden für eine erfolgreiche Arbeit zu bereiten.

Für erfolgreiche Führungskräfte nennt Drucker vier verschiedene Regeln:

1. Sie wissen, dass auch Stellenbeschreibungen von fehlbaren Menschen entwickelt wurden und nicht vom Himmel fallen.
2. Jede Aufgabe ist anspruchsvoll und groß zu gestalten. Auch die kleinste Aufgabe in einer Organisation hat eine wesentliche Bedeutung für den Erfolg.
3. Zu starten ist mit den Fähigkeiten einer Person, nicht mit dem, was die Aufgabe benötigt.
4. Um Stärken zu fördern muss man über Schwächen hinwegsehen und diese dulden.

(vgl. Drucker 2006, S. 78–95).

Christliche Führungskultur

Organisationen und Unternehmen im Feld des Sozial- und Gesundheitswesens verkörpern oder beanspruchen oft Werte, sei es christliche oder humanistische Grundlagen, die sich in den Leitbildern wiederfinden und den Anspruch haben, auch von den Mitarbeiter/innen gelebt zu werden. Eine christliche Führungskultur oder ein Einsatz für soziale Gerechtigkeit oder Chancengleichheit entsteht nicht von selbst, sondern bedarf der Einübung und der Praxis im Alltag. Christliche Krankenhäuser suchen beispielsweise ihre Christlichkeit durch entsprechende Maßnahmen (Audits, Hausobere, Verantwortliche für die Ethik, Grundsätze) umzusetzen.

In den USA z. B. wird in katholischen Krankenhäusern zum einen mit der „Catholic Identity Matrix" gearbeitet (vgl. Maines o. J.), die die christlichen Werte (Solidarität mit Armen, ganzheitliche Sorge, Respekt vor dem menschlichen Leben, partizipative Dienstkultur in gegenseitigem Respekt, ressourcenorientierte Verwalterschaft, Handeln in Gemeinschaft mit der Kirche) für alle Bereiche des Arbeitens (Planung, Anpassung, Prozess, Training, Messung, Wirkung) definiert. Zum anderen ist in den dortigen Krankenhäusern ein „Mission Director" (gleichrangig mit den Führungskräften im medizinischen, pflegerischen und geschäftsführenden Bereich) tätig. Diese Person führt alle neuen Mitarbeiter/innen in die Werte und die Ausrichtung der Häuser ein in der Einarbeitungsphase und bietet entsprechende Seminare, Ethikarbeitskreise u. Ä. an. Dahinter steht die feste Überzeugung, dass sich Werte und Grundlagen nur dann umsetzen lassen, wenn dafür auch Zeiten und Räume vorhanden sind und die oberste Führungsebene sich darum kümmert. In Deutschland wurden z. B. die Ideen aus den USA im so genannten German-Catholic-Identity-Matrix adaptiert (vgl. Günther 2013, Haderlein et al. 2016).

4.5 Erwartungen – können nie alle erfüllt werden

Jeder Neuanfang ist mit Erwartungen von unterschiedlichen Seiten verbunden. Sind die Erwartungen zu hoch, hat man sich also „getäuscht", sind „Ent-Täuschungen" vorprogrammiert. Sind die Erwartungen zu niedrig oder werden sie übertroffen, so sind damit Überraschungen verbunden. Für die eigenen Erwartungen (und nur die können Sie gezielt steuern) gilt es, diese nicht zu hoch zu setzen und auf ihren Realitätsbezug zu prüfen. Nehmen Sie Mitarbeiter/innen ernst, fragen Sie offen nach deren Erwartungen und dämpfen allzu hohe, unrealistische oder illusorische Erwartungen. Die Erwartungen anderer wie auch Ihrer Vorgesetzten oder Ihres Trägers können Sie nur bedingt beeinflussen, aber auch hier gilt es, realistisch zu bleiben. Im Zweifelsfall sollten Sie versuchen, die Erwartungen anderer etwas zurückzuschrauben, sich in den ersten 100 Tagen einen Überblick verschaffen und erst langsam realistischer auf Erwartungen zu antworten. Niemand wird jemand Neuem es übelnehmen, wenn diese/r für sich erst einmal eine „Schonfrist" reklamiert und eher bescheiden auftritt als der große Macher oder die große Macherin, der/die an den eigenen Ideen und Erwartungen scheitert. Hängen Sie Ihre Erwartungen und Ihre Ziele nicht so hoch, dass Sie diese nicht erreichen können.

Benennen Sie aber auch eigene Erwartungen gegenüber anderen (nach dem Kennenlernen der Personen und einer sorgfältigen Analyse) klar und deutlich, um Orientierung zu geben und erkennbar zu machen, welches Ihre Maßstäbe sind. Es trägt zu einem guten Klima in der Organisation bei, offen über gegenseitige Erwartungen zu sprechen.

4.6 Gesundheitsmanagement – den nötigen Rahmen schaffen

Die Führungskraft ist auch für die Gesundheit in der Organisation verantwortlich. Dabei ist das Betriebliche Gesundheitsmanagement mehr als eine gesetzliche Pflicht, sondern kann, richtig eingesetzt, zur Zufriedenheit und zu einem hohen Gesundheits- und Leistungsniveau der Mitarbeitenden führen (vgl. Siemann 2019, S. 21).

Personalfürsorge

Als wichtiger Bereich der Personalfürsorge ist das Betriebliche Gesundheitsmanagement in den letzten Jahren vor allem von den Kranken- und Unfallkassen vorangetrieben worden. Eine Befragung der Techniker-Krankenkasse und der Zeitschrift „Personalwirtschaft" im Feld des Mittelstandes kommt u. a. zu folgenden Ergebnissen:

- Wichtiger als Statistiken über Arbeitsunfähigkeitszeiten ist die Kommunikation u. a. über Mitarbeitergespräche.
- Häufige Ursachen für psychische Belastungen sind die Arbeitsverdichtung und eine schlechte Führungskultur.
- Oft ist das Top-Management nicht in das Betriebliche Gesundheitsmanagement eingebunden, d. h. es hat keine Kenntnis über den Gesundheitszustand der Mitarbeitenden.
- In Sachen psychischer Gefährdungsbeurteilung, die seit 2013 gesetzlich gefordert ist, gibt es viel Engagement der Arbeitgeber in der Analyse, aber wenig Prävention im Sinne von Maßnahmen und deren Kontrolle.
- Weitgehend unberücksichtigt werden digitale Transformationen im Betrieblichen Gesundheitsmanagement.
- Betriebliches Gesundheitsmanagement wird noch nicht dauerhaft und systematisch betrieben.

(vgl. Siemann 2019, S. 22 ff.).

Zufriedenheit, Bindung, Identifikation

Für Führungskräfte bedeutet dies, Betriebliches Gesundheitsmanagement als Chance zu sehen, in Zeiten des Fachkräftemangels durch entsprechende Maßnahmen das Gesundheitsmanagement zusammen mit anderen Instrumenten zu nutzen, um Zufriedenheit, Bindung und Identifikation der Mitarbeiter/innen mit der Organisation zu fördern.

Wertschätzung statt „Aufmunterung"

Jedoch kommt Gesundheitsmanagement sehr schnell in den Verdacht des Schnüffelns und der Grenzüberschreitung gegenüber den Mitarbeitenden, daher gilt hier grundsätzlich: Die Gesundheitsförderung bedarf einer Haltung der gegenseitigen Autonomie und darf nicht isoliert betrachtet werden. Sprenger kritisiert gar die Gesundheitsförderung in Unternehmen: „Der Druck der *Selbstoptimierung* hat derart zugenommen, dass das Ausspähen nicht als ungeheuerlich, nicht mal mehr als ungehörig wahrgenommen wird. Und so billigt man dem Unternehmen anstandslos die Rolle des Gesundheitspädagogen zu […] Und glaubt man wirklich, man könne mit Gesundheitsförderung Mitarbeiter halten? […] Kein Mitarbeiter wird wegen der Ernährungsberatung bleiben, wenn ihm der Chef auf die Nerven geht." (Sprenger 2015, S. 156). Dies spricht dafür, hier ein ganzheitliches Gesundheitsverständnis dem Betrieblichen Gesundheitsmanagement zugrunde zu legen, welches auch die Beziehungen und Stressfaktoren am Arbeitsplatz umfassend mit einbezieht. Auch hier wird die hinter dem Gesundheitsmanagement stehende Haltung bedeutsam: Geht es um eine umfassende Wertschätzung der Mitarbeitenden, so hat dies eine deutlichere und nachhaltigere Wirkung als singuläre Maßnahmen zur „Aufmunterung" der Mitarbeitenden.

Eigenfürsorge

Schließlich sollten Sie sich auch um Ihre eigene Gesundheit sorgen. Sie sind als Führungskraft für vieles verantwortlich, aber nicht für alles. Jedoch können Sie nur dann gut handeln, wenn es Ihnen selbst gut geht und Sie für Ihre eigene Gesundheit sorgen. Dazu gehören Pausen, Bewegung, gesunde Ernährung und eine Ausgeglichenheit. Achten Sie auch in Ihrem Zeitmanagement auf Zeiten der Erholung, der Entspannung und die nötige Muße. Sicher kommen auch turbulente Zeiten auf Sie zu, aber wer sich immer nur im Hamsterrad bewegt, der kommt zum einen nicht voran und nimmt zum anderen Schaden an Körper, Geist und Seele.

4.7 Mitarbeiter/innen halten – Rezepte helfen nur bedingt

Trotz aller Bemühungen um Employer-Branding und Mitarbeiterbindung: Patentrezepte oder irgendwelche Methoden, die es einfach nur umzusetzen gilt, sind selten von Erfolg gekrönt. Wichtiger sind immer das gesamte Führungsverhalten und die Organisationskultur. Die Bemühungen der Führungskraft können zwischen den Polen „Reisende soll man ziehen lassen" und „Bleibegespräche" (vgl. Schönberger 2020) liegen.

Kein Handel um Anreize

Keineswegs sollte sich eine Führungskraft in einen Handel um Anreize (→ 4.1 Anreize und Incentives) oder (übertriebene) Gehaltsforderungen begeben, denn diese können allenfalls nur kurzfristig Mitarbeitende halten. Wenn die intrinsische Motivation fehlt, kann dies kaum durch Anreize ausgeglichen werden. Eine mehr oder weniger erkennbare Drohung mit „dann mache ich nur noch Dienst nach Vorschrift" kann im Sozial- und Gesundheitsbereich auf Dauer nur kontraproduktiv sein und sollte Vorgesetzte nicht dazu verleiten mit eben diesen Vorschriften zu führen. Wenn eine solche Einstellung sich festsetzt, die oft auf eine innere Kündigung hinweist, und auch personalentwickelnde Maßnahmen nicht weiterhelfen, kann dauerhaft nur noch eine Trennung (→ 4.15 Trennung und Kündigung) helfen.

Schaffung guter Rahmenbedingungen

Die Sorge um gute Arbeitsbedingungen, um ein gutes Miteinander, um das Halten der Mitarbeitenden kann (auch finanziell) lohnender sein als die Gewinnung neuer Mitarbeiter/innen. Die Schaffung guter Rahmenbedingungen kann zudem als präventive Maßnahme die oben genannten Entwicklungen zu „inneren Kündigungen" vermeiden helfen. Schönberger: „Nicht selten lassen sich durch qualifiziert geführte Bleibe-Gespräche Mitarbeitende, die einen Arbeitgeberwechsel erwägen oder sich mental hierfür bereits entschieden haben, auch emotional wieder ans Unternehmen binden" (2020, S. 31). Von daher kommt es entscheidend auf Kommunikation, Betriebsklima und Wertschätzung an. Alle diese drei lassen sich jedoch weder verordnen noch durch kurzfristige Maßnahmen umsetzen. Als Merkmale werden instrumentell-funktionale und symbolische unterschieden:

- Instrumentell-funktional: Vergütung, Sozialleistungen, Arbeitszeitregelungen, Weiterbildungsmöglichkeiten und Privilegien,
- Symbolisch: z. B. Teamorientierung, Reputation, soziale Verantwortung und Innovation (vgl. Ribbeck 2020, S. 84).

Kontinuierlich daran arbeiten

Diese nicht nur als punktuelle Maßnahmen zu sehen, kann helfen. Eine (vom Mitarbeitenden erwogene) Trennung kommt selten plötzlich, sondern ist meist das Ergebnis eines längeren Entfremdungsprozesses. Daher gilt es seitens der Führungskraft kontinuierlich an der Mitarbeiter/innenbindung zu arbeiten und eine besondere Aufmerksamkeit auf die Mitarbeiter/innen zu legen.

Employer Branding Das Wort Mitarbeiter/innenbindung suggeriert eine Machbarkeit, während das Employer Branding eher auf Bilder vom Brandmarken[9] verweist und in Richtung Markenbildung und Markenkern hinweist. „Ziel der Markenbildung ist es, eine positive Markenprägung zu erreichen. Dieser Ansatz kann grundsätzlich auf die Arbeitgebermarke übertragen werden. Unternehmen werden mit einer Strategie des Employer Branding versuchen, sich als attraktives Unternehmen zu positionieren" (Ribbeck 2020, S. 83). Auch hier gilt: Sie können „im ernstgenommenen Employer Branding nichts anpreisen, was nicht auf einer realen Basis fußt" (Heider-Winter 2014, S. 3). Daher zeigt die Bezeichnung des Haltens eher auf die dazu notwendige Haltung und die gegenseitige Anstrengung und Bewegung.

Selbstbindung Entscheidend, auch im Sinne einer intrinsischen Motivation (→ 4.9 Motivation), ist die Selbstbindung: „Wenn Sie Ihre Mitarbeiter halten wollen, dann müssen Sie sie gehen lassen. Dann bleiben sie freiwillig. Vielleicht. Und wenn nicht, ist es besser, sie gehen. Jedenfalls besser, als wenn sie bleiben. Denn das ist es, was zählt: Wenn Sie jemanden *nicht* festhalten – und er trotzdem bleibt. Wenn er sich in Freiheit entscheidet. Jeden Morgen neu. Und *bewusst* jeden Morgen neu. Wenn er *selbst* sich bindet" (Sprenger 2015, S. 255).

Generation Z Da es in Sachen Bindung Unterschiede zwischen den Generationen gibt, wie Roedenbeck-Schäfer beschreibt, können Rezepte nur bedingt tauglich sein. Für die Generation Z (die Ende der 1990er Jahre bis Anfang der 2010er Geborenen) soll demnach die Bindung an ein Unternehmen eher mit dem Wohlfühlfaktor zusammenhängen: „Dass die Generation Z deshalb immer in Ihrem Unternehmen bleibt, ist dennoch nicht zu erwarten. Der Nachwuchs kennt eine Loyalität zum Arbeitgeber, jedenfalls nicht mehr so wie frühere Generationen. Häufig wechselt er wegen kleinster frustrierender Erlebnisse. Dann hilft nur noch ein gutes Exit-Management. Wenn man im Guten auseinandergeht, besteht die relativ hohe Wahrscheinlichkeit, dass junge Mitarbeitende nach einigen Wanderjahren ins Unternehmen zurückkehren" (Roedenbeck-Schäfer 2020, S. 27).

Wenn gerade in der Anfangszeit einer neuen Führungskraft Mitarbeitende sich verabschieden, kündigen oder eine neue Stelle suchen, sollte die neue Führungskraft dies nicht persönlich nehmen. Oft hängen diese Entwicklungen mit anderen Vorgeschichten zusammen, etwa dass diese Personen schön länger mit dem Wechselgedanken spielen und nur noch ein Anlass gesucht wird, die Organisation zu verlassen. Ein Unternehmen allein wegen einer neuen Führungskraft zu verlassen, kann wohl kaum von einer nachhaltigen Bindung an ein Unternehmen zeugen, sondern eher von einer Bindung an eine (vorherige) Führungskraft.

4.8 Mitarbeiter/innengespräch – Nähe, Wertschätzung und Orientierung

Gespräche mit Mitarbeiter/innen gibt es zu verschiedenen Situationen und Anlässen. Mit dem wertschätzenden Mitarbeiter/innengespräch ist hier zunächst ein systematisches und regelmäßiges (in der Regel jährliches) Gespräch zwischen Mitarbeiter/in und Führungskraft gemeint. Dabei geht es darum, dass beide sich Zeit füreinander nehmen und verschiedene Themenschwerpunkte besprechen.

---

[9] Ein Bild aus der Tierzucht, das sicherlich eine irreführende Analogie darstellt und nicht zu einem Bild von Mitarbeitenden als eigenständige und eigenverantwortliche Persönlichkeiten passt!

Kennlerngespräch

Für die neue Führungskraft empfiehlt es sich, möglichst in den ersten 100 Tagen mit allen ihr direkt „unterstellten" Personen ein Mitarbeiter/innengespräch zu führen. Dabei sind vor allem die folgenden Dinge zu berücksichtigen:

- Die Reihenfolge der Gespräche sollte begründbar und nachvollziehbar sein, sonst entsteht sehr schnell der Eindruck, die Reihenfolge sei eine Rangfolge.
- Die Gespräche sollten dem individuellen Kennenlernen dienen und (zu diesem Zeitpunkt) keinerlei bewertenden Charakter haben.
- Für die Führungskraft gilt eine gute Vorbereitung: Sie sollten sich im Klaren darüber sein, was Sie als Führungskraft wollen und was nicht.
- Vermeiden Sie es, insbesondere bei wichtigen Informationen und Inhalten, diese nur einzelnen Mitarbeiter/innen weiterzugeben. Grundsätzlich gilt: Absichtserklärungen über zukünftige Veränderungen und Informationen, die für alle von Bedeutung sind, sollten auch möglichst unmittelbar an alle kommuniziert werden.
- Gehen Sie davon aus, dass die Mitarbeitenden untereinander über die Inhalte der Mitarbeiter/innengespräche sprechen, Sie sollten allerdings von sich aus nichts aus den Gesprächen preisgeben, es sei denn, dies sei mit dem Mitarbeiter/der Mitarbeiterin so abgesprochen.
- Die Mitarbeitenden wollen etwas von Ihnen erfahren, sprechen Sie ruhig auch von sich als Person, ohne jedoch anbiedernd zu sein und ganz wichtig: Vermeiden Sie Vergleiche mit Ihrer früheren Tätigkeit oder Erfahrungen aus dieser. Das könnte bedeuten, dass Sie noch nicht in der neuen Organisation angekommen sind.
- Seien und bleiben Sie neugierig.
- Seien Sie vorsichtig mit Notizen während des Gespräches; wenn Sie welche machen, machen Sie deutlich, zu welchem Zweck Sie etwas notieren, sonst entsteht der Eindruck von „geheimen Dossiers".

Mitarbeiter/innengespräche haben eine Funktion für beide Seiten und für das Unternehmen: „Mitarbeitergespräche sind für Unternehmen jeglicher Größenordnung unverzichtbar. Idealerweise schaffen sie Vertrauen, sorgen für eine erfolgreiche Zusammenarbeit und erhöhen die Arbeitszufriedenheit" (Koeder und Koeder 2020, S. 164).

Kernpunkte Mitarbeitergespräch

Bei Mitarbeiter/innenjahresgesprächen gibt es zahlreiche Vorlagen; folgende Punkte zu den Themen und zum Umgang miteinander erscheinen hierbei beachtenswert:

- Themen sollten die Zusammenarbeit zwischen Führungskraft und Mitarbeiter/in, die Arbeitsaufgaben, das Arbeitsumfeld und die beruflichen Perspektiven sein.
- Vereinbarungen zwischen den beiden Personen sollten schriftlich festgehalten werden und nur für die beiden Beteiligten gelten.
- Werden Vereinbarungen getroffen, die über die beiden Personen hinausgehen, empfiehlt es sich gemeinsam zu vereinbaren, an wen welche Information weitergegeben wird.
- Jahresgespräche sollten die unmittelbaren Führungskräfte mit ihren unmittelbaren Mitarbeiter/innen führen.

Wichtige Inhalte

Covey weist darauf hin, bei Gesprächen mit den Mitarbeitenden den ganzen Menschen zu sehen, die von ihm genannten drei Arten von Führungsgesprächen sollen diese Haltung verdeutlichen:

1. „Innere Stimme: Bestärken Sie ihn (den Mitarbeitenden) in seinem Potenzial. Achten Sie darauf, welche Talente und Fähigkeiten er mitbringt, die wesentlich zum Erreichen der Team- und Unternehmensziele beitragen können.
2. Leistung: Klären Sie die Erwartungen und Verantwortlichkeiten mit Hilfe von Gewinn/Gewinn-Vereinbarungen. Legen Sie gemeinsam fest, welche Aufgaben der Mitarbeiter am liebsten übernehmen und für welche Ergebnisse er verantwortlich sein will.
3. Den Weg freimachen: Bieten Sie Ihrem Mitarbeiter Unterstützung an und schaffen Sie die nötigen Rahmenbedingungen, damit er seine Aufgaben erfolgreich erfüllen kann"

(Covey 2014, S. 30).

Darüber hinaus sind verschiedene Formen und Anlässe für Gespräche mit Mitarbeiter/innen denkbar, die generell von Ehrlichkeit, Verständigung und Wertschätzung geprägt sein sollten. Je nach Anlass (Kritikgespräch, Ermutigungsgespräch, Konfliktgespräch, Small Talk) geht es darum, auch den Zusammenhang deutlich zu machen, den Stellenwert des Gespräches, die gegenseitige Erwartung und ggf. auch darum, Vereinbarungen festzuhalten bzw. den Zeitpunkt der Überprüfung von Vereinbarungen.

Fragen zur Vorbereitung

Grundsätzlich sollten vor jedem Gespräch die folgenden Punkte überlegt werden:

- Zielsetzung (Was soll mit dem Gespräch erreicht werden?)
- Inhalte (Welche Themen sind Gegenstand des Gesprächs?)
- Strategie (Wie sollen welche Punkte wann angesprochen werden und wie soll die Gesprächsführung aufgebaut sein?)
- Interaktionsmuster (Welche Rollen werden wie eingenommen?)

4.9 Motivation – fördern

Intrinsische Motivation

„Dann motivieren Sie mich mal" – dieser Ausspruch eines ehemaligen Mitarbeiters zeigte sehr schnell die Grenzen der Motivationskunst auf, denn eine Motivation, eine Bewegung kann gerade im sozialen Dienstleistungsbereich nachhaltig nur von innen im Sinne einer intrinsischen Motivation kommen. Andere zu motivieren kann dann höchstens zu einer Dressur oder einer Manipulation geraten, die aber an den Zielen, den Aufgaben und der Bedeutung ganz sicher vorbeigeht. Wer der Motivation von außen bedarf, hat eigentlich schon innerlich gekündigt. Was also tun, um die intrinsische Motivation zu fördern?

Motivation und Motivierung

Klar unterscheidet Sprenger zwischen Motivation und Motivierung: „‚Motivation', die die *Eigen*steuerung des Individuums bezeichnet und daher diesem ganz alleine eignet, ganz allein gehört" und „‚Motivierung', als absichtsvollem Handeln eines Vorgesetzten oder als dem Funktionieren von Anreizsystemen, das mithin notwendig als *Fremd*steuerung auszuweisen ist" (Sprenger 1996, S. 20). Sprenger zeigt auf, dass Motivieren aus einem Misstrauen einem Mitarbeitenden gegenüber entspringt und daher eher zur

Demotivation führt: *„Alles Motivieren ist Demotivieren"* (a. a. O., S. 43). Seine These dazu lautet: *„Die Motivierung ist die massenhafte Verführung zur inneren Kündigung"* (a. a. O., S. 28).

Beim Blick auf soziale Dienstleistungen geht es um Leistungsbereitschaft, Leistungsmöglichkeit und Leistungsfähigkeit. Motivierung blickt nur auf die Leistungsbereitschaft und wirkt sich sogar manchmal negativ auf die ebenso wichtigen Bereiche der Möglichkeiten und Fähigkeiten aus (vgl. Sprenger 1996, S. 153). Sprenger erinnert „an das Recht der Führungskraft, klare Forderungen zu stellen, Vereinbarungen zu treffen und diese zu kontrollieren" (a. a. O.). „Eine Führungskraft kann überdies [...] mit dem Mitarbeiter Leistungen vereinbaren, die dieser eigentlich aus sich heraus und freiwillig nicht erbringen will [...] Aufs Ganze gesehen erscheint mir ein klares Forderungsverhältnis zwischen Führungskraft und Mitarbeiter erheblich leistungsorientierter und konsequenter als Belohnungs-Bestrafungsregeln, die sich selbst regeln. Es ist konsequenter im Interesse von *Leistung*. Hier wird Führung beim Wort genommen" (a. a. O., S. 155).

Love it, change it or leave it

Wenn Sie sich direkt deutlich machen, dass Sie nicht Dompteurin oder Motivationstrainer sind, sondern klar Ihre Vorstellungen von Leistungen und Ergebnissen kommunizieren, bedürfen Sie, gerade wenn Sie Mitarbeiter/innen als erwachsene Menschen ernst- und wahrnehmen, keiner noch so interessanten Tricks und Manipulationsstrategien. Schließlich gilt für Sie und Ihre Mitarbeiter/innen gleichermaßen: Love it, change it or leave it: Das meint: wenn Sie die Dinge, Ihre Situation, Ihre Arbeit nicht (zumindest grundsätzlich) lieben können, keine Veränderung zum besseren einleiten können, sollten Sie sich überlegen, ob es nicht besser ist, diese Aufgaben, diesen Job, diese Einrichtung oder Organisation zu verlassen. Dabei geht es nicht um eine leichtfertige Flucht von Aufgaben oder Verantwortungen, sondern im Grunde darum, sich selbst treu zu bleiben und keinen (seelischen) Schaden zu nehmen. Aber zumindest sollte versucht werden, die Dinge anzunehmen und zu verändern, denn diese Erfahrung hilft immer!

4.10 Partizipation – mehr als reine Information und Mitsprache

Teilhabe und Teilgabe

Partizipation wird oft als Teilhabe definiert und beschrieben, wichtig ist jedoch auch eine Teilgabe im Sinne des Einbringens der eigenen Person. Jede Person hat auch das Bedürfnis, Bedeutung für andere zu haben im Sinne einer Selbstwirksamkeit. Daher ist Partizipation – und das bedeutet auch, Macht, Einfluss und Verantwortung abzugeben – in jeder Organisation von hoher Bedeutung.

Richtiges Maß finden

Gerade für die neue Führungskraft, die ihre Mitarbeiterinnen und Mitarbeiter noch nicht hinreichend kennt, ist daher das richtige Maß an Partizipation von Bedeutung. Das richtige Maß deshalb, weil Partizipation eingeübt werden muss, Transparenz benötigt und eine Abgabe von Verantwortung beispielsweise auch Grenzen hat. Und: Partizipation macht Führung einfacher: „Die ein bisschen widersinnig anmutende Botschaft lautet, dass Sie, um das Handeln anderer zu beeinflussen, diesen das Gefühl geben müssen, die Kontrolle zu besitzen. Nehmen Sie den Betreffenden das Gefühl, die Dinge in der Hand zu haben, bekommen Sie Ärger, ernten Frust und Widerstand. Vermitteln Sie ihnen hingegen das Gefühl, Einfluss auf ihre Welt zu haben verstärken Sie deren Motivation und Bereitschaft, Ihnen zu folgen" (Sharot 2017, S. 118).

Delegation Ein wichtiges Instrument der Partizipation ist die Delegation von Aufgaben, Befugnissen und Verantwortung. Dabei muss auf Klarheit geachtet werden ebenso wie Grade der Freiheit zugelassen werden müssen. Führungskräfte sollten nicht den Anspruch haben, „Vorarbeiter/in" zu sein in dem Sinne, dass sie alles besser können. (→ 4.2) Delegation kann ein Instrument sein, die Kompetenz der Mitarbeiterinnen und Mitarbeiter zu steigern (vgl. Schneider 2017, S. 152) (→ 4.12 Personalentwicklung).

Stufenmodell Für die Partizipation existieren verschiedene Stufenmodelle (vgl. u. a. Straßburger et al. 2014): Auf den unteren Stufen ist eine Scheinpartizipation und eine Information angesiedelt, in der Mitte Formen der Mitsprache und auf den höheren Stufen die Selbstverantwortung. Wichtig für eine Partizipation in einer Organisation ist auch eine entsprechende Kultur, hier nennt Straßburger drei verschiedene Kennzeichen:

1. Entscheidungen nachvollziehbar und zugänglich machen, die Stimme der Betroffenen soll Gewicht haben.
2. Von einer Entscheidung betroffene Personen einbeziehen.
3. Zeit und Raum für Mitbestimmung in die Arbeitsabläufe mit einarbeiten

(vgl. Straßburger 2014, S. 90 f.).

Einbezug aller Gruppen Partizipation bedarf vor allem auch der Kompetenz, teilhaben zu können. Wenn diese nicht für alle Betroffenen und Beteiligten gleichermaßen möglich ist, kann Partizipation auch bei aller guten Absicht zu Ungerechtigkeiten und zu einer Schieflage führen, dass nur bestimmte Personen, etwa soziale Schichten oder Mitarbeiter/innengruppen teilhaben und teilgeben können, andere aber nicht. Daher sollte sich die Führungskraft stets fragen, ob bei einer wie auch immer gearteten Partizipation alle Gruppen und Perspektiven einbezogen sind im Sinne einer Repräsentativität. Das meint nicht, dass jede Person überall mitreden soll, sondern dass zumindest alle relevanten Perspektiven einbezogen werden. In Bezug auf gesellschaftliche Partizipationsprozesse sehen Kersten et al. die Gefahr von einer Partizipationsinflation und von sozialen Demokratieproblemen, die darin bestehen, dass z. B. nur Vertreter/innen einer Mittelschicht Zeit für eine Partizipation finden und daher andere Schichten von der Partizipation ausgeschlossen sind (vgl. Kersten et al. 2020, S. 114 f.).

Zufallsauswahl In diesem Sinne werden auch Konzepte diskutiert, ob nicht zufällig ausgewählte Personen eher die Allgemeinheit repräsentieren als nur jeweils diejenigen einzubeziehen, die sich selbst „berufen" fühlen. Eine Zufallsauswahl ist z. B. bei den „Geschworenen" im US-amerikanischen Justizsystem der Fall. Die Rede ist von Losverfahren bzw. einer deliberativen Demokratie (vgl. u. a. Reybrouck 2019). Im antiken Athen wurde beispielsweise das Losverfahren in verschiedenen Bereichen angewendet: „Wer gezogen wurde, konnte mitmachen [...] Das Losverfahren galt sowohl für die Legislative als auch für Exekutive und Judikative [...] Ein neues Gesetz wurde vom ausgelosten Rat der 500 vorbereitet, und in der Volksversammlung wurde darüber abgestimmt. Das ausgeloste Volksgericht untersuchte dessen Rechtmäßigkeit, die ausgelosten und gewählten Magistrate sorgten für die Ausführung" (Reybrouck 2019, S. 63).

Dies wiederum soll nicht heißen, in einer Organisation die Funktionen per Losverfahren zu bestimmen, gerade in ausdifferenzierten Bereichen sind spezifische Kompetenzen erforderlich. Aber bei Fragestellungen, die die Allgemeinheit angehen, die Punkte betreffen, von denen alle betroffen sind, kann es sinnvoll sein zum einen diejenigen einzubeziehen und zu hören, die nicht in der „ersten Reihe" stehen und sich gut artikulieren können, sondern auch die Anderen und vielleicht dem Zufall auch eine Chance zu geben. Damit wird deutlich, dass Partizipation struktureller Voraussetzungen bedarf, einer Leitung, die für eine gerechte Partizipation sorgt und Partizipation immer auch ein Teilen von Verantwortung einschließt.

4.11 Personalauswahl und -recruiting – entscheidende Weichenstellungen

Personalauswahl dient zum einen dazu, aus einer Reihe von Bewerbungen die richtigen Personen auszuwählen, auf der anderen Seite aber auch, sich auf beiden Seiten kennenzulernen. Teilweise ist auch von Personalselektion: oder aber -recruiting die Rede.

Recruiting

Der letzte Begriff erscheint besonders in einer Zeit des Fachkräftemangels an Bedeutung zu gewinnen, geht es doch nicht allein darum, Personen aus einer Anzahl von Bewerbungen „herauszufischen", sondern bereits im Vorfeld einer Auswahl überhaupt an Bewerbungen von Interessentinnen und Interessenten für die eigene Organisation zu gelangen.

Attraktiver Arbeitgeber

Dies zeigt die Notwendigkeit innerhalb der Organisation darauf hinzuarbeiten, dass Sie als Unternehmen, Iihre Ausrichtung, die Arbeitsbedingungen (→ 4.6 Gesundheitsmanagement) dort so interessant sind, dass im Idealfall potentielle Mitarbeiter/innen von sich aus auf die Organisation aufmerksam werden. Ganz in diesem Sinne ist es auch für die neue Führungskraft von großem Interesse, die gesamte Organisation in den Blick zu nehmen und zu einem attraktiven Arbeitgeber zu machen. Daher lohnt es sich, Personalarbeit als Investition zu begreifen, um – gerade in einem dienstleistungsintensiven Bereich wie dem Gesundheits- und Sozialbereich – Fachkräfte vor allem zu halten. Denn diese vertreten die Organisation nach außen und eine gute Mundpropaganda – auch in Form von Mitarbeiterempfehlungsprogrammen (Mitarbeiter werben Mitarbeiter) – ist günstiger und wirksamer als alle Marketing- und Anzeigenaktivitäten.

Zu überzeugenden Personalmarketing- und Recruiting-Maßnahmen schreibt Roedenbeck Schäfer daher, dass es nicht darum gehe, von Arbeitgebervorteilen zu fabulieren: „Sondern wenn die Attraktivität eines Unternehmens aus Sicht der Bewerber wie von selbst entsteht, weil das Unternehmen echtes Engagement für verbesserte Arbeitsbedingungen zeigt, wie es überall in der Pflege und der Pädagogik notwendig wäre" (Roedenbeck Schäfer 2017, S. 170).

Elemente eines zeitgemäßen Recruiting

Als Elemente eines zeitgemäßen Recruiting nennt Roedenbeck Schäfer die folgenden:

- Employer Branding-Strategie: Welche Botschaft soll im Bereich Personal transportiert werden?
- Alleinstellungsmerkmale: Mit O-Tönen hinterlegen, die Zielgruppen ansprechen.
- Kanäle analysieren: Worüber erreichen wir die besten Bewerbungen?
- Alternativen suchen: neue Kanäle und Methoden testen.
- Bewerbungsprozess aus der Perspektive von Bewerbungen betrachten.
- Konkurrenzanalyse: Was kann man sich abschauen?

- Basis: Prüfen und überarbeiten, z. B. Website oder Stellenanzeigen.
- Digitalisierung: die entsprechende Software nutzen.
- Mitarbeiter schulen: in neuen Formen der Personalgewinnung.

(vgl. Roedenbeck Schäfer 2017, S. 168 f.).

Finanzknappheit

Für viele Bereiche, auch des öffentlichen Dienstes, scheint diese Idee angesichts einer Finanzknappheit, schäbiger Amtsstuben und wenig motivierender Atmosphäre wie eine Botschaft von einem „fernen Stern". Doch, wenn Führung Gestaltung ist, sind auch kleine Entwicklungen für das Finden, Halten und Gewinnen von Personal von großer Bedeutung. Es müssen nicht allein finanzielle Anreize sein, sondern die Art und Weise des Umgangs miteinander, der kleine Blumenstrauß, eine nette Aufmerksamkeit, das beherzte Eintreten des Vorgesetzten gegen zu starke Beanspruchungen oder unrealistische Aufgaben.

Die Richtigen finden

Schon Drucker wies darauf hin, dass es weniger darauf ankommt, ein besonderes „Händchen für Personal" zu haben, sondern eher darauf, Personen so auszuwählen und einzusetzen, dass sie einen Beitrag für das Ganze leisten können: „Executives in an organization do not have good human relations because they have a ‚talent for people'. They have good human relations because they focus on contribution in their own work and in their relationship with others" (Drucker 2006, S. 64).

Sprenger macht die Aufgabe der Personalauswahl im bereits oben erwähnten Zitat sehr eindringlich deutlich: „Finden Sie die Richtigen, fordern Sie sie heraus, sprechen Sie oft miteinander, vertrauen Sie ihnen, bezahlen Sie gut und fair und gehen Sie dann aus dem Weg" (Sprenger 2012, S. 238). Auch ein weiterer Tipp von Sprenger scheint hier sehr sinnvoll und zielführend zu sein: „Wer einen Bewerber weniger als dreimal sieht, handelt fahrlässig – und dies ist nur die Mindestforderung. Das gilt nicht nur für die Zahl der Gespräche, es gilt insbesondere für das Bewerbungsgespräch selbst. Wer dem Bewerber signalisiert ‚Wir haben wenig Zeit!' der signalisiert Geringschätzung" (Sprenger 2015, 244). Mit einem Vorstellungsgespräch allein ist es also nicht getan. Sinnvoll sind oft auch eine Arbeitsprobe und eine Vorstellung davon, ob die Person in das Unternehmen und das jeweilige Arbeitsumfeld passt.

Subjektive Anteile bei der Auswahl

Eine Auswahl von Personal, mit welchen Methoden auch immer, ob durch ein Interview, einen umfassenden Assessment-Center mit vielen Aufgaben, die möglichst realitätsnah sein sollten, oder mit allerlei psychologischen Tests, hat immer auch subjektive Anteile. Sicher wird aufgrund rechtlicher Vorgaben immer versucht werden, die Auswahl zu objektivieren und die Auswahl entsprechend zu begründen. Aber Sympathien, Antipathien und viele Wahrnehmungsverzerrungen spielen auch bei der Auswahl von Personen eine Rolle. Es wäre falsch anzunehmen, dass sich die Subjektivität vermeiden lasse durch Gruppenentscheidungen oder Entscheidungen eines Auswahlgremiums, auch dort kommen Gruppenprozesse vor. Daher kann es wie bei allen Entscheidungen auch hier zu Fehlentscheidungen kommen, die durch andere Aufgabenzuweisungen, innerbetriebliche Umsetzung und als Ultima Ratio auch durch eine Kündigung korrigiert werden müssen.

Diversity-Management

Im Zusammenhang mit der Personalentwicklung spielt auch das Diversity-Management eine große Rolle, die Vielfalt in einer Organisation soll dabei zugleich gestärkt als auch für die Aufgaben der Organisation genutzt werden. Dies ist nicht allein eine Aufgabenstellung der Personalauswahl, fängt aber oft damit an. Oft tendieren Organisationen dazu, die dem Mainstream in einer Organisation ähnlichen Personen auszusuchen. Hier wie auch in anderen Bereichen des Personalmanagements kommt es darauf an, eine Diversity-Kompetenz zu entwickeln: „*Diversity-Kompetenz* zielt auf die Entwicklung konkreter Fähigkeiten zum Umgang mit Vielfalt und daraus möglichen Konfliktpotenzialen, aber auch auf die Förderung einer Grundhaltung, um Vielfalt in der Organisation aktiv zu fördern" (Dreas 2019, S. 73).

Zeugnisse und Tests

Leider haben Zeugnisse und Arbeitszeugnisse insgesamt nur eine vergleichsweise geringe Aussagekraft zur Beurteilung von neuen Mitarbeiter/innen (→ 4.17 Zeugnis). Diese sind für die Auswahl von neuen Mitarbeiter/innen nur bedingt geeignet, wenngleich sie in den Bewerbungsunterlagen, insbesondere durch den Vergleich verschiedener Zeugnisse, einen ersten Eindruck vermitteln. Auskünfte von Referenzpersonen bieten hier einen direkteren und oft auch authentischeren Zugang. Auch mit einer gewissen Vorsicht sind psychologische Tests und Verfahren zu beurteilen, die Vorhersagewahrscheinlichkeiten über einen beruflichen Erfolg erlauben. Die so genannten Prädiktorvariablen können immer nur (auf die Vergangenheit und auf den Untersuchungskontext bezogen) Wahrscheinlichkeiten angeben. Die Erfahrung aus der Praxis zeigt aber, dass es bei Personen in Organisationen immer auch Weiterentwicklungen und Überraschungen gibt, die oft zum Vorteil der jeweiligen Organisation sind. In diesem Sinne heißt es auch bei der Personalauswahl: Dem Unwahrscheinlichen oder dem weniger Wahrscheinlichen eine Chance zu geben.

4.12 Personalentwicklung – zum Nutzen von Person und Organisation

Personalentwicklung als Teil des Personalmanagements muss mehr sein als Mitarbeiter/innen an Fort- und Weiterbildungen teilnehmen zu lassen: „Statt Bildungsprogramme zu verwalten, muss Personalentwicklung in der Organisation wirksam werden" (Nöbauer 2019, S. 13).

Merkmale wirksamere Personalentwicklung

Zu den wesentlichen Merkmalen einer solchen Personalentwicklung gehören:

- Entwicklung des gesamten Personals, d. h. nicht nur der (potenziellen) Führungskräfte.
- Berufliche Kompetenzen stehen im Mittelpunkt.
- Systematische Qualifizierung.
- Längerfristige Strategie im Unternehmen, die auch zukünftige Bedarfe mitberücksichtigt.
- Alle bzw. mehrere Aktivitäten einer Organisation tragen zu einer solchen Personalentwicklung bei. Personalentwicklung geht also über eine reine Qualifizierung hinaus.

(vgl. Nöbauer 2019, S. 15 f.).

Mit Blick auf den einzelnen Mitarbeiter, die einzelne Mitarbeiterin kann Personalentwicklung auf einen neuen Beruf vorbereiten, berufsbegleitend oder berufsverändernd wirken (vgl. Nöbauer 2019, S. 18). Eine wichtige Grundlage ist dabei, an den Fähigkeiten und Fertigkeiten der Personen anzuknüpfen und dabei diese erst einmal zu nutzen, bevor andere Schritte der Personalentwicklung unternommen werden. Ein kluger Einsatz von Personal entsprechend der vorhandenen Talente erspart oft aufwändige Personalentwicklungsmaßnahmen.

Veränderungs- und Entwicklungsprozess

Personalentwicklung kann verstanden werden „als umfassender, initiierter, planvoller, zielgerichteter und auf Nachhaltigkeit angelegter Veränderungs- und Entwicklungsprozess von Mitgliedern einer Organisation zum Nutzen von Organisation und Individuum" (Schneider 2005, S. 305). In einem solch umfassenden Sinn ist Personalentwicklung immer auch mit der Entwicklung einer Organisation und einer ebenso systematischen Organisationsentwicklung verbunden. Eine stärker verwertungsorientierte Definition nennt Ribbeck: „[...] Aufgabenkomplex zur Förderung und Entwicklung des Humankapitals im Hinblick auf unternehmensbezogene Ziele. Gegenstand von Förderung und Entwicklung sind Wissen, Fähigkeiten und Kompetenzen, ebenso wie Motivation und Einstellungen des Personals" (Ribbeck 2020, S. 179).

Intrinsische Motivation

Aber bei näherem Hinsehen wird erkennbar, dass ein individuelles Lernen die Bereitschaft und damit eine intrinsische Motivation braucht. Und: Nur wenn die Mitarbeiterin/der Mitarbeiter sich einen Erfolg von einer Personalentwicklungsmaßnahme erhofften, wird er/sie diese auch zu nutzen wissen. Daher gilt für die neue Führungskraft, beide Dimensionen der Personalentwicklung zu sehen und Mitarbeiter/innen und Organisation in gleicher Weise mit Personalentwicklung zu fördern. Gerade in den ersten Tagen gilt es einen Blick auf die einzelnen Mitarbeiter/innen zu haben und genau hinzuhören, wie sich diese eine berufliche Zukunft vorstellen, ohne jedoch vorschnell Maßnahmen in die Wege zu leiten oder vorzuschlagen (→ 4.8 Mitarbeiter/innengespräch).

4.13 Personalführung – führt zu (nachhaltigen) Erfolgen

Präsenz

Führung von Personal bedarf (auch in digitalen Kontexten) der Präsenz: Anwesenheit, auch bei unscheinbaren und vermeintlich unwichtigen Terminen, zeigt Interesse an der Arbeit und ist ein guter Weg zur oft benannten, Wertschätzung. Das Wort „Inter-esse" (dazwischen sein) macht von seinem Ursprung her diese erforderliche Präsenz erkennbar.

Individuelle Führung

Für Personalführung (→ 1.4 Führung oder Management) gibt es keine Patentrezepte und grundsätzlich gilt: Jeder Mensch bedarf, weil er oder sie eine je eigene Persönlichkeit mit eigenen Charaktermerkmalen, einer eigenen Biografie und (vor allem auch) eigenen Führungs- bzw. Geführtheitserfahrungen ist, einer eigenen Führung. Während einige Menschen es gewohnt sind, sich jeweils „nach oben" abzusichern und Führungskräfte mit Detailfragen beschäftigen (was die Führungskraft tendenziell vermeiden oder verändern sollte!), arbeiten andere sehr selbstständig und frei (hier sollte darauf geachtet werden, diese einzubinden, ohne ihren Freiheitsdrang zu sehr einzuengen). Beide bedürfen unterschiedlicher Führung. Sehr klar sind die von Arens beschriebenen Leitlinien für den Umgang mit dem Einzelnen nach Franz von Assisi:

1. „Du führst einmalige Menschen. Schätze und achte ihre Einmaligkeit. Schere sie nicht über den gleichen Kamm. Versuche, „in ihren Mokassins zu gehen".
2. Suche den Augenkontakt mit dem Einzelnen. Nimm ihn als Individuum wahr, nimm ihn ernst, nimm ihn an.

3. Versuche zunächst, in jedem Menschen das Gute zu sehen.
4. Nimm die Eigenständigkeit eines Menschen ernst, bau auf seine eigene Denk- und Verantwortungsfähigkeit.
5. Ermutige und stärke den Einzelnen, für sich selbst Sorge zu tragen. Entmündige ihn nicht, indem du ihn bevormundest.
6. Du führst (jedenfalls in Ordensgemeinschaften, ebenfalls in der Kirche) Menschen, die sich freiwillig in eine Gemeinschaft gegeben haben. Hab das immer vor Augen.
7. Führe einladend.
8. Bringe die unterschiedlichen Typen miteinander ins Spiel.
9. Du baust Gemeinschaft nur, wenn der Einzelne nicht als Rädchen im Getriebe, sondern als wichtige Person geachtet wird, denn Gemeinschaft baut sich vom Einzelnen her auf."

(Arens 2017, S. 24).

Perspektivenwechsel

Wichtig erscheint zuweilen auch ein Perspektivenwechsel: Versuchen Sie, gerade wenn es schwierig wird und Sie den Eindruck haben, eine Person sei Ihnen gegenüber nicht auf das Gute aus, sich in diese Person hineinzuversetzen und nach Gründen zu suchen. Meist sind es Erfahrungen von früherer Zeit, Projektionen oder Fehlinformationen auf der anderen Seite oder aber auf Ihrer Seite, vielleicht ruft die Person in Ihnen alte Bilder auf oder „triggert" frühere Erfahrungen.

Messbarkeit guter Führung

Gerade in Feldern des Gesundheits- und Sozialwesens ist der Erfolg von Führung selten direkt messbar. Dennoch zeigt ein Blick auf mögliche Erfolge von Führung die Vielschichtigkeit und unterschiedlichen Dimensionen auf: „Das können rein wirtschaftliche Zielgrößen sein (Gewinn, Umsatz, Rentabilität u. a.), können aber auch strukturelle und inhaltliche Planungen betreffen (Organisationsentwicklung, Projekterfolg, Leistungsqualität). Soziale Erfolgskriterien sind noch zahlreicher. Hier zeigt sich Führungserfolg etwa in der Arbeitszufriedenheit, dem organisationalen Commitment oder der Arbeitsmotivation" (Ribbeck 2020, S. 215).

Auch hier gilt es, die Zielsetzung der jeweiligen Organisation zu beachten. Wenn Führung dauerhaft und nachhaltig zum Erfolg führen soll, so muss sie Mitarbeiter/innen ernstnehmen und darf sie nicht als passive „zu Führende" verstehen.

Prinzipien des „anständigen Unternehmens"

Vielleicht können hier die fünf Prinzipien von Sprenger für ein „anständiges Unternehmen" handlungsleitend sein:

1. „Betrachte Mitarbeiter nicht als bloße Mittel"
2. „Behandle Mitarbeiter nicht wie Kinder"
3. „Versuche nicht, Menschen zu verbessern"
4. „Verletze nicht die Autonomie der Mitarbeiter".
5. „Bezeichne nichts als alternativlos".

(Sprenger 2015, S. 7–9)

Wertschätzung, Ernstnahme

Kurz und knapp bedeutet dies eine Wertschätzung und Ernstnahme eines jeden Menschen in seiner Persönlichkeit, mit all seinen Potenzialen, Schwächen und Stärken. Es mag sein, dass man kurzfristig durch allerlei Tricks Menschen manipulativ führen kann und dass dies erfolgreich sein wird. Geht es, und das scheint gerade im hier zu betrachtenden Feld von besonderer Bedeutung zu sein, um längerfristige und nachhaltig wirksame Führung, so gilt es die geführten Menschen auch entsprechend zu achten und „mitzunehmen".

Macht als Gestaltungsverpflichtung

Man mag als Führungskraft Macht haben, sie ist jedoch wesentlich ein Beziehungsgeschehen, wenn Mitarbeiter/innen nicht von einer Person geführt werden wollen, haben auch sie Macht und können diese Gegenmacht ausüben. Daher ist es vielversprechender Macht als eine Gestaltungsverpflichtung, die mit einer Verantwortung verbunden ist, zu begreifen, als „Macht mit" anstelle einer „Macht über". Letztere betrachtet das Gegenüber eher als Objekt der Gestaltung denn als Subjekt.

Emotionen

Wie bei der Unterscheidung zwischen (→ 1.4) Führung und Management aufgeführt, zur Personalführung gehören Emotionen, so geht es bei erfolgreichen Projekten nicht nur darum, diese rational zur Kenntnis zu nehmen, sondern Erfolge (im Team, in der Organisation) sollten auch gefeiert werden. Diese Symbolik, die Verdichtung von Emotionen in der Form einer Feier, trägt auch dazu bei, Teams zu bilden, miteinander zu wachsen und eine Identifikation mit der Organisation zu fördern.

4.14 Teamdynamiken – sehen, verstehen und fördern

In den seltensten Fällen kann sich die neue Führungskraft ein Team aussuchen, sondern kommt in ein Team hinein bzw. wird einer Anzahl von Mitarbeiter/innen „vorgesetzt". Hier sind auf jeden Fall die (ganz unterschiedlichen) Teamdynamiken zu beachten. Es kann sich dabei um Solidarisierungen gegenüber oder gar gegen die neue Führungskraft handeln, um einen Zusammenschluss gegen andere (ungewünschte) Teammitglieder, aber auch um eine erwartungsoffene Haltung des Teams oder um die Erwartung der/die Neue macht alles besser als der/die Vorgänger/in. Oft werden hier verbal (rhetorische) Techniken genutzt, die von der Einzelmeinung auf das Team generalisieren, beispielsweise, indem gesagt wird „*viele* begegnen Ihnen mit Skepsis" oder „*wir* sind *alle* froh, endlich eine neue Leitung zu haben". Nehmen Sie diese Aussagen ernst, aber bleiben Sie neugierig und skeptisch, ob die Person tatsächlich für alle oder viele spricht oder nur ihre eigene Meinung damit hervorheben will. Manchmal hilft es auch, die Person direkt nach ihrer eigenen Meinung und Einschätzung zu fragen oder nachzuhaken: „Woran machen Sie das fest?".

Beziehungsdynamik

In einem Team werden Sie sehr schnell erkennen, wer mit wem verbunden ist und wie die einzelnen Teammitglieder zueinander stehen, ob und wie sie über die Arbeit hinaus auch private Beziehungen zueinander unterhalten, etc. Sind Sie Führungskraft eines kleinen Teams, so ist davon auszugehen, dass die Beziehungen untereinander enger sind als in einem größeren Team, in dem es auch unterschiedliche „Unterteams" geben kann. Auch ist interessant, wie die Teammitglieder sich selbst bezeichnen. Oft wird der Teambegriff überstrapaziert. Bei 30 Personen wird man wohl schwerlich von „einem" Team reden können im Sinne von einer Arbeitsgemeinschaft, die eng miteinander verbunden eine Aufgabe löst. Oft wechseln auch die Teamkonstellationen.

Nicht jede Arbeitsgruppe ist auch ein Team, hier einige Abstufungen von echten Teams und Gruppen, die sich nur Team nennen:

Team-, Gruppenarten

Teamart	Kennzeichen	Leistung
Hochleistungsteam	Verbindliche Vorgehensweise, gemeinsames Verständnis von Verantwortung, „hohes Maß an persönlichem Engagement der Mitglieder untereinander für die persönliche Entwicklung, das Wachstum und den Erfolg der anderen Mitglieder" (Schiersmann und Thiel 2018, S. 224).	Höchste Leistungen.
Echtes Team	Team definiert selbst den Zweck seiner Existenz, Personen ergänzen sich komplementär, Verpflichtung auf gemeinsame Ziele.	Kollektive Arbeitsergebnisse, gegenseitige Verantwortung und persönliches Wachstum.
Potentielles Team	Erhöhte Anforderungen und Bemühen um verbesserte Leistung.	Keine gemeinschaftliche Verantwortung des Teams für Arbeitsergebnisse.
Pseudo-Team	Gemeinsame Wege und Ziele werden nicht gesucht. Kein ernsthaftes Bemühen um Gesamtleistung.	Gesamtleistung ist geringer als die Summe der Einzelleistungen.
Arbeitsgruppe	leistungsorientiert, Leistungsanforderungen werden im Rahmen individueller Fähigkeiten und Verantwortlichkeiten erfüllt.	Individuelle Bestleistungen reichen aus.

Abbildung 19: Verschiedene Teamarten und ihre Leistungsfähigkeit (eigene Darstellung in Anlehnung an Schiermann und Thiel 2018, S. 224).

Sicherlich ist jede Führungskraft bestrebt, ein besonders gutes Team zu haben. Dabei liegt die Kunst nicht darin, die besten Leute zusammenzubringen, sondern eher darin, mit ganz unterschiedlichen Leuten deren Talent in einem Team zur Entfaltung zu bringen. Zu den unterschiedlichen Typen und Charakteren existieren eine Reihe von Modellen, Übersichten und Typologien, die meist nur einen Charakterzug beschreiben.

Sich verändernde Teams

Teams verändern sich, sei es, dass Personen aus dem Team ausscheiden und/oder dass neue Personen hinzukommen oder durch neue Außenbedingungen oder Zusammenarbeitsformen. In solchen Prozessen wird erkennbar, dass Personen auch andere Rollen einnehmen können und auf einmal neue Talente, die oft vorher nicht bekannt waren, ans Tageslicht kommen. Der stille Beobachter wird auf einmal zu einer Führungspersönlichkeit oder die sorgsame solide Arbeiterin zu einer sprudelnden Ideengeberin. Was bei (→ 4.11) Personalauswahl und (→ 4.12) Personalentwicklung bereits angeklungen ist, ist auch bei der Zusammenstellung und Weiterentwicklung von Teams von Bedeutung: ein Blick auf die Talente einzelner Personen.

Talente nutzen

Hoop (2014) vergleicht Teams mit Orchestern und sieht jede Person mit mehreren Talenten ausgestattet, so dass sie mehrere Instrumente in einem Virtuosenteam besetzen kann: „Sie kennen ihre zwei bis drei bevorzugten „Instrumente" – sprich: Teamrollen – und sind in der Lage, je nach Situation zwischen diesen Rollen zu wechseln. Gleichzeitig wissen sie, welche Teamrollen die anderen Teammitglieder gerade einnehmen und in welche anderen Rollen diese bei Bedarf wechseln könnten" (Hoop 2014, S. 37). Eine weitere wichtige Erkenntnis ist die, dass sich (im Orchester und auch anderswo) Talente nie im stillen Kämmerlein entwickeln, sondern im Zusammenhang mit anderen, die diese entdecken, fördern und in einem Team wachsen lassen.

Rollen im Team

Orientiert an Belbin (2010) zeigt Hoop verschiedene Teamrollen auf und weist diesen Instrumenten zu. Eine Übersicht über die verschiedenen Grundkräfte, die damit verbundenen Instrumente und vor allem die Eigenschaften der einzelnen Teamrollen zeigt die folgende Tabelle:

Rolle	Instrument	Eigenschaften
Aktive Tatkraft	Bass, diszipliniert, praktisch	*Ruhig – praktisch – diszipliniert* „Er kann mit Verantwortung umgehen und besitzt ein starkes Pflichtgefühl. Man kann sich auf ihn verlassen. Er kann gut organisieren und kompensiert dadurch das Fehlen von Eigeninitiative. Er behält die Übersicht auch unter starkem Druck" (Hoop 2014, S. 63)
Reaktive Tatkraft	Trompete, enthusiastisch, entdeckungsfreudig	*Enthusiastisch – neugierig – unbekümmert* „Die Trompete verhält sich im Team extravertiert und pflegt den Umgang mit Menschen. Ihre Kraft liegt im Aufnehmen und Entdecken wertvoller Ideen. Die Trompete kann ihr Team begeistern und motivieren. Sie besitzt gute verbale Qualitäten, verbreitet Optimismus und wirkt stabilisierend" (a. a. O., S. 64)
Aktive Willenskraft	Trommel, will gewinnen, aktivierend	*Selbstbewusst – aktivierend – risikofreudig* „Die Trommel macht Tempo im Team und treibt die anderen an. Sie legt viel Energie und Handlungsdrang an den Tag. Sie arbeitet am besten unter Stress. Immer will sie gewinnen und scheut dabei das Risiko nicht. Wenn sie richtig Druck macht, kann sie andere im Team einschüchtern" (a. a. O., S. 64)

Rolle	Instrument	Eigenschaften
Reaktive Willenskraft	Klavier, begeisternd, Bedürfnisse klarmachend	*Ehrlich – ausgeglichen – zielorientiert* „Das Klavier im Team entdeckt und entwickelt die Stärken anderer. Es koordiniert, aktiviert und motiviert das Team. Klaviere kommunizieren Ziele und delegieren Aufgaben. Sie beherrschen ein breites Spektrum, bringen jedoch keine neuen Ideen ein. Dafür haben sie das Team im Griff und werden respektiert" (a. a. O., S. 65)
Aktive Denkkraft	Gitarre, kreativ, originell	*Fantasievoll – unkonventionell – innovativ* „Die Gitarre ist die Ideengeberin im Team. Sie ist ein kreativer Kopf und bricht gerne Regeln. Die mühsame Umsetzung von Plänen überlässt sie lieber anderen. Manchmal hat die Gitarre Probleme, dem Team ihre Gedanken zu erklären. Gewachsene Strukturen stellt sie mit Vorliebe in Frage" (a. a. O., S. 65)
Reaktive Denkkraft	Harfe, analytisch, seriös	*Sachlich – analytisch – überlegt* „Die Harfe ist die kritische Denkerin und Analytikerin im Team. Sie durchschaut die kompliziertesten Probleme. Eine Harfe ist vorsichtig, hält sich im Kollegenkreis gerne zurück und urteilt nur auf der Basis von Fakten. Strategie ist ihr Metier. Mit Entscheidungen lässt sie sich viel Zeit" (a. a. O., S. 66)
Aktive Gefühlskraft	Horn, ordnungsbewusst, präzise	*Vorausschauend – präzise – intuitiv* „Das Horn ist ein Planer und Strippenzieher hinter den Kulissen. Hörner bringen Ordnung und Präzision ins Team. Sie legen Wert darauf, dass angefangene Dinge zu Ende gebracht werden. Was im Team los ist, sagt dem Horn sein untrügliches Bauchgefühl" (a. a. O., S. 66)
Reaktive Gefühlskraft	Geige, sozial, harmoniefördernd	*Kameradschaftlich – unterstützend – flexibel* „Die Geige ist eine sozial eingestellte und kommunikative Mitspielerin im Team. Sie ist hilfsbereit, anpassungsfähig und sorgt für Harmonie. Eine Geige geht auf andere Menschen ein und hört ihnen zu. Sie ist eine gute Vermittlerin. Vor harten Entscheidungen und vor Konkurrenzkämpfen schreckt sie zurück" (a. a. O., S. 67)

Abbildung 20: Teamrollen nach Hoop (2014, S. 55 ff.) in Anlehnung an Belbin (2010) (eigene Darstellung)

Ob ein Vergleich von Musikinstrumenten (ähnlich wie andere Vergleiche mit Tieren, Farben, etc.) tatsächlich zielführend ist und komplexe menschliche Talente darstellen kann, sei dahingestellt. Analogien hinken immer, bringen auf der anderen Seite aber Bilder hervor, die die Vorstellungskraft beflügeln.

Merkmale eines virtuosen Teams

Hoop kennzeichnet sodann acht Merkmale eines virtuosen Teams:

1. Proflikte statt Konflikte: produktive Nutzung von Meinungsverschiedenheiten.
2. Offenheit und Ehrlichkeit: Keine Angst für Fehler an den Pranger gestellt zu werden.
3. Ziele und Talente sind zentral: Ziele braucht die passenden Talente, und Talente setzen sich passende Ziele.
4. Vertrauen als Selbstverständlichkeit: als natürliche Basis der Zusammenarbeit.
5. Flow-Erlebnisse: Mit Leichtigkeit und Spontaneität gelingen Abstimmungen.
6. Augenhöhe: Gleichstellung aller Teammitglieder.
7. Jamming: Ideen werden gemeinsam weiterentwickelt.
8. Belohnungen werden geteilt: Teams werden belohnt, nicht einzelne Mitglieder.

(vgl. Hoop 2014, S. 229)

In diesem Sinne kann für eine neue Führungskraft die o. g. Darstellung von Teamrollen eine Orientierung geben und aufzeigen, dass zum einen jede Person unterschiedliche Talente hat und zu einem Team genau diese unterschiedlichen Talente gehören, will ein Team Leistung bringen. Für die Führungskraft bedeutet dies, genau hinzusehen und Ausschau nach sichtbaren und verborgenen Talenten beim Personal zu halten. Und: es gilt auf ein virtuoses Team hinzuarbeiten.

4.15 Trennung und Kündigung – bedeuten nicht Fallenlassen der Person

Früher oder später kommen Fragen auf, sich von einem/einer Mitarbeiter/in trennen zu müssen, sei es, dass diese Person in den Ruhestand geht oder in eine andere Stelle wechselt – was beides für die Beteiligten mehr oder weniger einfach ist.

Trennung aufgrund eines Konflikts

Schwieriger wird die Trennung, wenn diese aus einem Konflikt heraus erfolgen muss, und Sie entscheiden müssen, dass die Person die Arbeitsstelle verlassen muss, indem Sie eine Kündigung aussprechen oder veranlassen müssen. Gerade wenn Sie zum ersten Mal mit einer Kündigung in Kontakt kommen, sollten Sie zum einen arbeitsrechtlich auf der sicheren Seite sein und sich dementsprechend kompetent beraten lassen. Zum anderen ist aber immer auch mehr oder weniger die emotionale Seite betroffen. Eine Kündigung ist immer die Ultima Ratio und hat von daher eine Vorgeschichte. Das bedeutet, dass Sie im besten Fall durch Gespräche, Ermahnungen oder eine Abmahnung (Vorsicht, diese bedarf eines Bezugs auf einen konkreten Sachverhalt und muss zeitnah erfolgen, auch hier empfiehlt sich eine juristische Beratung!) das Verhalten der Person im positiven Sinne beeinflussen können. Führen diese Punkte nicht zu einem Erfolg, sollten Sie jedoch, auch im Sinne der gesamten Organisation und der Leistung der Organisation nicht zögern, eine Kündigung in den Blick zu nehmen und vorzubereiten.

So unterschiedlich die Fälle einer Kündigung sein können, so unterschiedlich und wenig vorhersehbar sind dabei das Verhalten der Beteiligten und, wenn es zu einem Arbeitsgerichtsprozess kommt, die Entscheidungen der Richter/innen.

Vorbereitung einer Kündigung

Folgende Punkte sollten Sie in jedem Fall beachten:

- Senden Sie klare Botschaften!
- Gehen Sie immer davon aus, dass eine Kündigung nicht akzeptiert wird und Sie zu einem Arbeitsgerichtsprozess geladen werden.
- Überlegen Sie, wie Sie die Kündigung nach innen und außen kommunizieren (wenn möglich zusammen mit der Person, der gekündigt wird).
- Beachten Sie, dass was und wie auch immer Sie kommunizieren, diese Kommunikation interpretiert, verändert, ergänzt wird.
- Bedenken Sie auch, dass eine Kündigung in der Organisation Reaktionen hervorruft und diese nicht immer zustimmende Reaktionen, sondern auch Befürchtungen, Ablehnungen, Ängste, etc. sein können, die Sie nur zum Teil steuern können.
- Bleiben Sie bei einer klaren Linie.
- Lassen Sie sich nicht dazu verleiten, Details und vertrauliche Inhalte, nach außen zu kommunizieren, gerade bei gerichtlichen Auseinandersetzungen können diese zu einem Bumerang für Sie werden.
- Beziehen Sie sich im Kündigungsgespräch auf das Verhalten der Person, bleiben Sie sachlich, deutlich und zielorientiert.
- Bauen Sie, wenn möglich, Brücken, indem Sie bei Übergängen, beim Kontakt zu anderen Arbeitgebern oder bei der Beantragung von Unterstützungsleistungen, Hilfe anbieten.
- Schreiben Sie ein wohlwollendes, aber zugleich ehrliches (→ 4.17) Zeugnis.

Emotionen auffangen

Kündigungen sind stets, und vor allem im Bereich von Dienstleistungen im sozialen Bereich und im Gesundheitsbereich, von Emotionen auf allen Seiten begleitet. Von daher sollten sie wohlüberlegt sein und sollten in all ihren Auswirkungen bedacht werden. Wichtig ist auch, sich vor Augen zu führen, was die Auswirkungen wären, die Person noch weiter beschäftigt zu lassen (ggf. durch Minderleistungen negative Auswirkungen auf anderen Personen und deren Arbeitsmotivation, oder bei Verhaltenspunkten negative Auswirkungen auf die Adressat/innen Ihrer Arbeit und den Ruf Ihrer Organisation). Machen Sie sich deutlich, dass eine Trennung nicht das „Fallenlassen" der Person bedeutet, sondern, und das ist meist dann auch notwendig, dass die Person nicht an der richtigen Stelle sitzt und der Schaden, der von ihrem Verhalten ausgeht, größer ist als der Nutzen.

Klare Kommunikation

Bedenken Sie auch, dass zwar mit einer Kündigung eine Person die Organisation verlässt, aber gerade auch die Art und Weise dieses Verlassens eine Botschaft nach innen und außen sendet. Trotz noch so sinnvoller Sprachregelungen (die es geben sollte!) wird es Vermutungen und Gerüchte geben, die sich nicht vermeiden lassen, aber durch eine klare (am besten mit der entsprechenden gekündigten Person vereinbarte) Kommunikation zumindest etwas kanalisieren lassen.

4.16 Vertrauen und Kontrolle – bedingen einander

Vertrauen ist die Grundlage menschlichen Zusammenlebens und gerade dort, wo Menschen den größten Teil des „wachen" Tages miteinander verbringen, in der Organisation, bedeutsam. Vertrauen kann nicht mit einfachen Methoden hergestellt werden, kann aber sehr schnell enttäuscht oder missbraucht werden.

Keine absolute Kontrolle

Daher ist es die Aufgabe gerade der neuen Führungskraft das (in sie gesetzte) Vertrauen nicht zu verlieren, ebenso im Umgang mit den Mitarbeiter/innen das Vertrauen in diese zu haben. Der angeblich auf Lenin zurückgehende Spruch „Vertrauen ist gut, Kontrolle ist besser"[10] beschreibt, dass es ohne Kontrolle nicht geht. Aber die aus den Wirtschaftswissenschaften stammende (→ 2.7) Prinzipal-Agent-Theorie zeigt, dass eine absolute Kontrolle nicht möglich ist, und es zwischen Führungskraft und Geführtem immer Informationslücken gibt und geben wird.

Verantwortung

Kontrolle hat auch etwas mit Verantwortung zu tun (→ 1.16 Verantwortung): Das, was Sie verantworten, sollten Sie auch kontrollieren und zwar offen und nicht verdeckt. Gerade bei Finanzangelegenheiten ist das (→ 3.7) Vier-Augen-Prinzip nicht nur eine Floskel, sondern sollte auch so gehandhabt werden, dass zumindest stichprobenmäßig Kontrolle stattfindet. Für die neue Führungskraft bedeutet dies oft auch, dass bei dieser Form der Kontrolle Misstrauen vermutet wird, zumal, wenn dies vorher nicht der Fall war. Daher sollte hier klar auf die Verantwortung abgestellt werden, ohne sich hier auf eine Misstrauensdiskussion einzulassen.

Fehlerfreundliche Strukturen

Zu Vertrauen und Misstrauen schreibt Sprenger: „Wichtig ist: Vertrauen hat Vorrang vor Kontrolle. Überwachen Sie nicht den Menschen, sondern schaffen und erhalten Sie fehlerfreundliche Strukturen. Systeme fehlerfreundlich zu gestalten heißt sie so zu gestalten, dass sie nicht bei der ersten Störung gleich zerstört werden, dass sie die Möglichkeit haben, aus Fehlern zu lernen [...] Misstrauen führt zwangsläufig dazu, dass es sich im sozialen Miteinander bestätigt und bestärkt. Ist es einmal vorhanden, dann setzt sich eine Misstrauensspirale in Gang, die heute viele Unternehmen prägt" (Sprenger 2012, S. 268). (→ 5.7 Fehler].

Vertrauensbildende, -zerstörende Maßnahmen

Eine gute Übersicht über vertrauensbildende und vertrauenszerstörende Maßnahmen durch Führungskräfte findet sich bei Koeder und Koeder, wobei die Reihenfolge als Rangfolge zu verstehen ist (vgl. 2020, S. 176 f.):

Vertrauensbildende Maßnahmen	Vertrauenszerstörende Maßnahmen
Ehrlichkeit	Weitergabe vertraulicher Informationen
Halten von Versprechen	Abwertende Äußerungen über Mitarbeiter/innen
Verschwiegenheit	Verkündigung unterschiedlicher Botschaften an die verschiedenen Mitarbeiter/innen

[10] Laut Koeder und Koeder (vgl. S. 172) sei eigentlich gemeint: „Vertraue, aber kontrolliere auch".

Vertrauensbildende Maßnahmen	Vertrauenszerstörende Maßnahmen
Direkte Kommunikation mit dem Mitarbeiter/der Mitarbeiterin und die Art der Kommunikation (auch die Lautstärke) und die Information	Mitteilung verschiedener Botschaften an alle
Eingestehen von Fehlern	Kompetenz der Mitarbeiter/innen in Frage stellen
Zuhören können	Fehlendes Interesse an der Arbeit und den Leistungen der Mitarbeiter/innen
Sich für eigene Überzeugungen einsetzen	Einsatz von Informationen als Belohnung oder zur Manipulation/Bestrafung
Mut zu unpopulären Entscheidungen, über den „eigenen Schatten" springen	Wichtige Informationen werden zurückgehalten
Berechenbar sein	Mitarbeiter/innenmotivation wird in Frage gestellt
Intelligenz	Zu wenig Lob, fehlende Anerkennung, mangelhafte Kontakte zu den Mitarbeiter/innen
Einfühlungsvermögen (Empathie)	Wenn Lob, dann unsachgemäß und übertrieben
	Arbeitsanforderungen ohne Detailinformationen (Stellenbeschreibung)
	Häufige Kontrolle von Arbeitsprozessen und Mitarbeiter/innen

Abbildung 21: Vertrauensbildende und vertrauenszerstörende Maßnahme einer Führungskraft (eigene Darstellung nach Koeder und Koeder 2020, S. 176 f.).

Es ist sicherlich kein Zufall, dass hier mehr vertrauenszerstörende Möglichkeiten vorgestellt sind als vertrauensbildende, umso bedeutsamer ist eine Fokussierung auf die Seite des Vertrauens und das stetige Bemühen um vertrauensbildende Maßnahmen seitens der Führungskraft.

4.17 Zeugnis – Aussagekraft nicht immer klar

Ein Arbeitszeugnis ist eine Beurteilung eines Mitarbeiters oder einer Mitarbeiterin. Ein Zeugnis bewegt sich auf der Skala zwischen: der positiven Formulierung auf der einen Seite und der Wahrheit auf der anderen Seite.

Zeugnissprache

Es gibt und kursiert eine eigene Zeugnissprache, wobei die Noten eher verschlüsselt beschrieben werden. Ein „sehr gut" wird als „stets zu unserer vollsten Zufriedenheit" beschrieben. Auch so vermeintlich nebensächliche Dinge wie die Wünsche am Ende des Zeugnisses „wir wünschen ihm/ihr für seine/ihre persönliche Zukunft alles Gute" habe ihre Bedeutung; zumindest kann ein Fehlen eines solches Grußes negativ gedeutet werden. Gleiches gilt für andere Dinge, wie Kaffeeflecken, falsche Formatierung usw. Generell gilt die ungeschriebene Regel: Bis zu einem „befriedigend" muss der/die Mitarbeiter/in den Beweis einer besseren Leistung antreten. Ab einem „ausreichend" muss der Arbeitgeber/die Arbeitgeberin die Minderleistung beweisen.

Selten kommt es in den ersten Tagen zu einer Nachfrage nach einem Zeugnis. Die Nachfrage nach einem Zwischenzeugnis kann auf eine Bewerbung hindeuten oder aber (z. B. wenn eine vorgesetzte Person ausscheidet) soll damit ein Leistungsstand für die Zukunft dokumentiert werden. Zeugnisse sollten von erfahrenen „Personaler/innen" gefertigt werden (die oft Übung in „rechtssicheren" Formulierungen haben) und werden meist vom Leiter/der Leiterin einer Organisation unterschrieben. Auch die Unterschrift bzw. die Hierarchieebene, die dieses unterschreibt, kann gedeutet werden. In der Praxis empfiehlt sich die Mitwirkung des Mitarbeiters/der Mitarbeiterin, der/die aus seiner/ihrer Sicht die Aufgaben beschreiben kann. Die Beurteilung sollte aber auf jedem Fall in enger Abstimmung mit der direkt vorgesetzten Person vorgenommen werden.

Zeugnisformulierungen

In der Zeugnissprache haben sich die nachfolgenden Formulierungen mehr oder weniger durchgesetzt:

Note (Schulnoten)	Bezogen auf das Verhalten	Bezogen auf die Leistung
1 („sehr gut")	Stets/jederzeit vorbildlich	Stets zu unserer vollsten Zufriedenheit
2 („gut")	Vorbildlich/stets höflich und korrekt	Stets zu unserer vollen Zufriedenheit
3 („befriedigend")	Gut/einwandfrei/höflich und korrekt	Zu unserer vollen Zufriedenheit
4 („ausreichend")	Zufriedenstellend/gab keinen Anlass zu Beanstandungen	Zu unserer Zufriedenheit
5 („mangelhaft")	Im Wesentlichen einwandfrei/insgesamt zufriedenstellend	Im Großen und Ganzen zufriedenstellend
Negative Bewertung	Stets bemüht/im Rahmen seiner Fähigkeiten/besonders hervorzuheben ist	

Abbildung 22: Zeugnisformulierungen (vgl. Oechsler und Paul 2019, S. 235)

Codes

Neben diesen Formulierungen bestehen verschiedene Codes, die jedoch kaum einheitlich verwendet werden, hier einige der gebräuchlichsten Formulierungen und ihre Entschlüsselung:

- „... zeigte für seine Arbeit Verständnis" → war faul und hat nichts getan
- „... seine/ihre Geselligkeit wurde im Kollegenkreis geschätzt" → Alkoholkonsum während der Arbeitszeit
- „... bewies für die Belange der Kollegen stets Einfühlungsvermögen" → sexuelle Kontakte im Kolleg/innenkreis

(vgl. Oechsler und Paul 2019, S. 236).

Bei der Personalauswahl haben Zeugnisse ebenfalls eine Bedeutung, sie können aber allenfalls als erster Eindruck gewertet werden, da sie meist alles andere als objektiv sind (→ 4.11 Personalauswahl).

4.18 Checkliste Personal

Thema/Fragestellung	Dringlichkeit, Prioritäten	IST	SOLL
Beispiel: Personalauswahl	*3* *Personalmangel*	*1* *Auswahl und Recruiting nur kurzfristig*	*3* *Längerfristige Recruitingstrategie*
Anreize und Incentives: Inwiefern wirken sich Anreize und Incentives auf die intrinsische Motivation der Organisation bzw. der Teams aus?			
Delegation: An welchen Stellen erscheint eine Delegation von Aufgaben und Verantwortlichkeiten sinnvoll?			
Delegation: Wie werden Mitarbeiter/innen qualifiziert und befähigt, Verantwortung zu übernehmen?			
Ehrenamtliche führen: Werden die Motive für ein Engagement ausreichend bedacht und gefördert?			
Ehrenamtliche führen: Wie (gerecht und angemessen) sind Aufgaben, Verantwortlichkeiten und Gratifikationen zwischen Ehren- und Hauptamtlichen verteilt?			
Erwartungen: Wissen Sie, welche Erwartungen die unterschiedlichsten Stakeholder/innen an Sie bzw. Ihr Unternehmen haben?			
Erwartungen: Welche Strategie haben Sie, um mit den unterschiedlichsten Erwartungen umzugehen?			
Gesundheitsmanagement: An welchen Stellen sollten Sie für gesundheitsförderliche Rahmenbedingungen sorgen?			
Mitarbeiter/innen halten: Welche (kontinuierlichen) Maßnahmen und Bemühungen finden statt, Mitarbeiter/innen zu halten?			
Mitarbeiter/innengespräch: Welche Kultur von regelmäßigen und anlassbezogenen Gesprächen möchten Sie gestalten?			

Thema/Fragestellung	Dringlichkeit, Prioritäten			IST			SOLL		
Beispiel: Personalauswahl			*3*	*1*					*3*
	Personalmangel			*Auswahl und Recruiting nur kurzfristig*			*Längerfristige Recruitingstrategie*		
Motivation: Wie können Sie die intrinsische Motivation Ihrer Mitarbeiter/innen fördern?									
Partizipation: Wie sind und werden Mitarbeiter/innen zur Partizipation befähigt?									
Partizipation: Wie klar sind die Befugnisse der Beteiligung und Mitwirkung geregelt, welche Partizipationsstufen sind möglich und erwünscht, welche nicht?									
Personalauswahl: Welche Rolle spielt die Auswahl von Personal in der Strategie der Organisation?									
Personalauswahl: Wie wird die Passung von Bewerber/innen und Organisation sichergestellt?									
Personalentwicklung: Wie werden Interessen und Talente der einzelnen Personen mit den Aufgaben und Zielen der Organisation systematisch in Verbindung gebracht?									
Personalführung: Wie werden, wenn vorhanden, Führungsleitlinien gelebt?									
Personalführung: Welche Führungsstile werden mit welchen Wirkungen auf die Personen und Aufgaben umgesetzt? Welche scheinen angebracht?									
Teamdynamiken: Wie wirken die Mitglieder im Team zusammen, welche Dynamiken gibt es?									
Teamdynamiken: Welche Ansätze sehen Sie, Teams zu leistungsfähigen Arbeitseinheiten zusammenzusetzen, zu entwickeln, neu zu formen?									

Thema/Fragestellung	Dringlichkeit, Prioritäten			IST			SOLL		
Beispiel: Personalauswahl			*3*	*1*					*3*
	Personalmangel			*Auswahl und Recruiting nur kurzfristig*			*Längerfristige Recruitingstrategie*		
Trennung und Kündigung: Haben Sie alle arbeitsrechtlichen, emotionalen und systemisch wirkenden Fragen geklärt bzw. bedacht?									
Trennung und Kündigung: Welche Brücken und Vereinbarungen können Sie mit der zu kündigenden Person noch bauen bzw. treffen?									
Vertrauen und Kontrolle: Wo setzen Sie vertrauensbildende Maßnahmen ein?									
Vertrauen und Kontrolle: An welchen Stellen, Orten und in welchen Prozessen ist eine möglichst transparente und gerechte Kontrolle notwendig?									
Zeugnisse: Wie aussagekräftig, ehrlich und wohlwollend sind die selbst geschriebenen Zeugnisse?									
Zeugnisse: Welche anderen Unterlagen, Arbeitsproben und Referenzen können die in den Zeugnissen dokumentierten Beurteilungen stützen, ergänzen oder widerlegen?									

5. Sich selbst managen: Arbeitstechniken einüben

Sorge für sich selbst

Führung geschieht durch Persönlichkeit. Die Art, wie eine Führungspersönlichkeit sich selbst managt, ist von Bedeutung für die Führung anderer Menschen. Dabei ist es zunächst einmal von geringerer Bedeutung, ob man eher sehr diszipliniert („150prozentig") oder eher situationsorientiert („mal sehen, was mich erwartet") an die Arbeit geht. Die Sorge für sich selbst ist dabei auch ein wichtiger Bestandteil: „Der Verantwortliche soll nicht nur für die Gemeinschaft und für die einzelnen Mitarbeiter sorgen, für Starke wie für Schwache, sondern auch für sich selbst. Nur dann wird er anderen auch gerecht werden können" (Grün 2002, S. 119). In diesem Sinne strahlt auch die eigene Persönlichkeit aus, die eigene Unsicherheit überträgt sich ebenso, wie die eigene Gelassenheit auf die Mitarbeitenden wirkt. Das heißt aber nicht, dass man direkt am Anfang in allen Dingen Sicherheit hat oder diese gar „vorspielen" muss. Hier stehen eine Authentizität und ein Arbeiten an sich selbst im Vordergrund. In den ersten Tagen als neue Führungskraft ist es bedeutsam, sich auch (von Außenstehenden, z. B. einem Coach, einer Supervisorin) ein Feedback zu holen, eine Rückmeldung zu erhalten.

Zwischen Polen agieren

Führungskräfte müssen „vieles unter einen Hut bringen". Teilweise müssen sie mit Widersprüchlichkeiten (Ambiguitäten) zielorientiert umzugehen oder diese irgendwie zu integrieren versuchen oder sich zwischen verschiedenen Polen positionieren. Hilfreich sind die von Kannicht und Schmid genannten fünf Perspektiven auf Führung, die aufzeigen, dass sich Führung immer zwischen zwei Polen bewegt:

- *Steuern versus Selbstorganisation:* „[...] sowohl Verantwortung zu übernehmen und Vorgaben zu machen als auch delegieren zu können und die Eigenverantwortung von Mitarbeitern zu fördern" (Kannicht und Schmid 2015, S. 65).
- *Taktik versus Authentizität:* „So hoch der Wert von Authentizität auch eingeschätzt werden mag, im Kontext von Führung ist die unhinterfragte Authentizität häufig nicht hilfreich. Andererseits fehlt rein taktischem Vorgehen angesichts des Mangels einer persönlichen und emotionalen Note die Überzeugungskraft" (a. a. O., S. 67).
- *Partnerschaft versus Chefposition:* „Führungskräfte gewinnen, wenn sie Mitarbeitern auf Augenhöhe begegnen, und verlieren, wenn Mitarbeiter den Eindruck gewinnen, dass Vorgesetzte bedürftig nach Anerkennung sind und ihr Verhalten als Anbiedern erlebt wird" (a. a. O., S. 68). „Kontextmarkierungen, wann es sich um ein kollegiales Gespräch und wann es sich um ein Gespräch zwischen Vertretern unterschiedlicher Hierarchieebenen handelt, helfen, diese Position [Chefposition, A. S.] abzusichern" (a. a. O., S. 69).
- *Anerkennung versus Kritik:* „Die Zeit für ein Gespräch, in dem die Zufriedenheit mit dem Mitarbeiter ausgesprochen wird, ist aber gut investiert. Mitarbeiterbefragungen zeigen, wie wichtig die Rückmeldung für die Motivation der Mitarbeiter ist. Umgekehrt neigen viele Führungskräfte dazu, Unzufriedenheit Mitarbeitern gegenüber erst verspätet, mit Ärger versehen oder eher Dritten gegenüber auszudrücken" (a. a. O.).
- *Vision versus operative Nähe:* „Es geht um die Motivation, die Vision, darum, weshalb es Sinn ergibt, in dieser Organisation mit diesem Team an dieser Aufgabe zu arbeiten. Zugleich schätzen es Mitarbeiter wenig, wenn ein Vorgesetzter unablässig Ideen zu zusätzlichen Projekten schmiedet und die Sorgen des Alltagsgeschäftes überhört" (a. a. O., S. 70).

Um sich selbst besser zu organisieren, empfiehlt beispielsweise Preiser das Arbeiten in acht verschiedenen Schritten, die auch für neue Führungskräfte sinnvoll erscheinen:

Selbstorganisation in acht Schritten

1. *Ziele klären:* Welche Ziele habe ich, wie kann ich diese konkretisieren, sortieren und eindeutige und klare Wege dahin gehen?
2. *Probleme analysieren:* Hier geht es darum, Probleme, die dem Ziel im Wege stehen, zu klären, Preiser unterscheidet zwischen Mittel- und Wege-, Informations-, Zielfindungs-, Entscheidungs- und Seinsproblemen (vgl. Preiser 1989, S. 30).
3. *Handlungen planen:* Wie komme ich, in welchen Etappen, in welcher Zeit mit wem und unter welchen Voraussetzungen zum Ziel?
4. *Handlungsvoraussetzungen klären:* Welche Modelle gibt es, welches sind die Umwelteinflüsse, was sind meine subjektiven Modelle und was die objektiven und subjektiven Bedingungen eines engagierten Handelns?
5. *Erfolgsbedingungen analysieren und gestalten:* Hierbei geht es um eine klare Analyse von Bedingungen und um ein aktives Gestalten.
6. *Erfolge kontrollieren:* Wie kann die Verwirklichung der Ziele überprüft werden, welche Strategien müssen verändert werden, wie kann für die Zukunft gelernt werden?
7. *Für die Zukunft lernen:* Erfahrungen nutzen.
8. *Das Training vertiefen:* An eigenen Themen weiterarbeiten.

(vgl. Preiser 1989, S. 14 ff.).

Sich selbst managen ist eine Grundlage der Führung. Nur, wer sich selbst leiden, sich selbst riechen und sich selbst ausstehen kann, kann auch anderen Menschen mit Vertrauen begegnen und Vertrauen schaffen, das Grundlage aller Führung ist.

5.1 Analyse – genauer hinsehen und fragen

Gespräche und Beobachtungen

Die Rolle als der oder die „Neue" sollte bewusst genutzt werden, um sich ein möglichst genaues Bild der Organisation zu machen. Hierbei ist entscheidend, alle sich bietenden Gelegenheiten zu nutzen (und auch Gelegenheiten zu schaffen), um mit wichtigen Personen in oder außerhalb der Organisation zu reden. Dabei gilt es sicher auch „Spreu vom Weizen" zu unterscheiden, denn nicht jede Person, die in den ersten Tagen und Wochen mit dem oder der Neuen reden möchte, ist für die weitere Arbeit gleich wichtig. Eine gesunde Neugierde hilft beim Beobachten sehr: Fragen Sie nach, interessieren Sie sich für die Personen, die Abläufe, die Wünsche, die Befürchtungen und die Pläne. Vielleicht ist genau das ja schon ein Hinweis: Sprechen Sie bewusst mit Personen, die eher „ruhiger" sind, nüchtern beobachten, in „zweiter Reihe stehen" und dadurch vielleicht eine andere wertvolle Perspektive bieten, welche Personen aus der ersten Reihe nicht haben. Und ganz wichtig: Erst nach der Beobachtung kommt die Analyse.

Situationsanalyse

Vor jeder Entscheidung sollte eine, wie tief auch immer gehende Analyse der Situation erfolgen. Hierdurch können u. a. auch Argumente gefunden und entwickelt werden für die (→ 1.3) Entscheidung und die Richtung der Entscheidung. Eine Analyse muss gründlich erfolgen, kann aber selten in allen Details durchgeführt werden. Wichtig wird es sein, mögliche Gegenargumente einzubeziehen und mit zu bedenken.

Fragenkatalog: Überblick über Organisation und eigene Aufgaben

Für den Anfang ist es wichtig, sich anhand der folgenden Fragen einen Überblick über die Organisation und die eigenen Aufgaben zu verschaffen:

Frage	Hintergrund
Was ist die Mission der Organisation/ Einrichtung? Was sind Alleinstellungsmerkmale?	Wissen, was die Kernaufgaben sind, wofür die Organisation bzw. Einrichtung steht und wodurch sie sich auszeichnet.
Wer sind die relevantesten Stakeholder/ innen? Wer hat die größten Einflüsse (Geld, Renommee, Personal, Entscheidungen)? Wer hat das größte Risiko mit der Organisation/Einrichtung?	Gerade am Anfang gibt es viele, die einfach nur neugierig auf den oder die Neue sind, hier gilt es zu überlegen, welche Kontakte für die Zukunft die wichtigsten sind, und möglichst bald zu diesen Personen aktiv einen intensiveren Kontakt aufzubauen.
Welche Kontakte wurden von Vorgänger/ innen aus welchen Gründen gepflegt?	Nicht alle Kontakte sind auch für Sie relevant. Auf jeden Fall sollten Sie keine Person „vor den Kopf stoßen" und Kontakte abbrechen, dennoch ist aber zu fragen, welche Kontakte Sie persönlich wahrnehmen müssen und wo es (z. B. unter den Mitarbeitenden) bessere Möglichkeiten durch Delegation der Aufgaben gibt.
Welche Aufgaben wurden von Vorgänger/ innen wahrgenommen?	Auch hier gilt es mit Blick auf die erste oben genannte Frage zu entscheiden, ob diese Aufgaben überhaupt, von Mitarbeitenden, Kooperationspartner/innen oder von Ihnen persönlich wahrgenommen werden müssen?
Welche Erwartungen und Befürchtungen werden auf Ihre Aufgabe, Ihre Person hin geäußert? Wurden ggf. Versprechungen gemacht?	Nur wenn Sie offen damit umgehen, können Sie angemessen darauf reagieren, sich abgrenzen und Ihren eigenen Stil entfalten. Seien Sie gewiss, dass Sie keinesfalls alle (→ 4.5) Erwartungen erfüllen müssen oder können. Möglicherweise gibt es auch Aufgaben, deren Erledigung überhaupt nicht in Ihren Arbeitsbereich fällt, hier sollten Sie dann Rücksprache mit Ihrer/Ihrem Vorgesetzten halten.
Gibt es offene Punkte, Aufgaben, die sofort bzw. zeitnah erledigt werden müssen?	Hier gilt es sorgfältig, auch unter Beratung mit relevanten Personen, diese anzugehen.
Welche Personen können Sie (möglichst ohne eigenes Interesse) objektiv zu einer Beratung heranziehen?	In den ersten Tagen und Wochen können Sie auf keinen Fall alle Relevanz überblicken, suchen Sie nach Personen, die Ihnen verschiedene Perspektiven auf wichtige Dinge bieten können, bevor Sie zu einer Entscheidung gelangen.

Frage	Hintergrund
Was sind die wesentlichen Wettbewerber/innen bzw. Konkurrent/innen und was sind deren Ziele?	Sich möglichst am Anfang ein Bild vom Markt zu machen. Selbst wenn es keine direkten Konkurrent/innen geben sollte, muss in Erwägung gezogen werden, dass die Ressourcen für Ihre Einrichtung und Ihre Organisation auch anders vergeben werden können.
Welche Aufgaben werden zentral, welche dezentral wahrgenommen?	Auf dieser Grundlage können Sie überlegen, ob es durch diese Aufteilung zu Reibungsverlusten kommt, ob die Aufteilung sinnvoll erscheint oder ob es (mittelfristig) anderer Aufgabenaufteilungen bedarf.
Welche Aufgaben und Dienste müssen wir uns aus Renommee-Gründen leisten, obwohl sie nicht rentabel oder wirtschaftlich sind?	Wichtig ist, auch bewusst Ineffizienzen in Kauf zu nehmen, wenn sie der Einrichtung bzw. der Organisation in ihrer Ausrichtung direkt oder indirekt materiellen oder immateriellen Nutzen (in Blick auf unterschiedliche relevante Stakeholder) bringen oder potenziell bringen können.

Abbildung 23: Fragen zu einer ersten Analyse der Organisation/Einrichtung und der eigenen Aufgaben (eigene Darstellung)

5.2 Arbeitsorganisation – sich selbst in den Griff bekommen

Die Organisation der eigenen Arbeit ist sehr mit der eigenen Persönlichkeit verbunden, manche Personen weisen beispielsweise immer einen sehr geordneten Schreibtisch vor, andere zeichnen sich durch einen eher chaotisch wirkenden Arbeitsplatz aus. Einige erledigen Aufgaben sehr zeitnah, andere „auf den letzten Drücker". Sehr schnell wird die neue Organisation Sie in ein Schema einordnen und die ersten Erfahrungen mit Ihrem Arbeitsstil und Ihrer Arbeitsorganisation bewerten.

Leitfragen zu Beginn

Auch zur eigenen Arbeitsorganisation gehört die Reflexion, Sie sollten sich hier direkt am Anfang einige Fragen beantworten (jedoch nicht „in Stein gemeißelt", sondern immer auch mit der Möglichkeit der Korrektur):

- Wie offen soll Ihr Büro sein? (Wenn ja für wen, zu welchen Zeiten?)
- Welche Zeiten nutzen Sie zur Kommunikation? (Mit welchen Personen?)
- Welche Zeiten benötigen Sie, um allein zu arbeiten? (am besten die Zeiten, in denen wenig Publikumsverkehr vorhanden ist und wenig Mitarbeiter/innen den Kontakt mit Ihnen suchen)

- Wie gestalten Sie Ihre Kommunikation? (Was sind die bevorzugten Kommunikationswege? Wer kann und muss Sie immer erreichen können? (damit sollten Sie im eigenen Interesse sparsam umgehen)
- Wie verfahren Sie mit der Dokumentation und Notizen? (Selbst erstellen oder erstellen lassen? Wann sollen z. B. Protokolle vorliegen? Welche Vorgaben machen Sie zur Erstellung von Protokollen und Dokumentationen, zur Zeitdauer, zum Umfang, zur Art?)
- Welche Freiheiten lassen Sie bei der Ausgestaltung von Aufträgen, welche nicht?
- Wie leiten Sie Besprechungen?
- Welche Unterlagen benötigen Sie in Ihrem Arbeitsumfeld, welche können woanders gelagert werden?
- Wie gehen Sie mit Wiedervorlagen um? (selbst oder durch Mitarbeiter/innen)
- Welche Verwaltungsaufgaben übernehmen Sie selbst, welche geben Sie ab?
- Wie gehen Sie mit Widerständen um?
- Wie gelangen Sie zu Entscheidungen, wer wird einbezogen und wie werden Entscheidungen kommuniziert?

Auch hier gilt: Lernen Sie sich und Ihren Arbeitsstil kennen und experimentieren Sie auch gerade bei einer neuen Stelle mit anderen Möglichkeiten der Organisation. In der neuen Stelle haben Sie die Chance, eine andere Rolle, einen anderen Arbeitsstil auszuprobieren. Setzen Sie sich Ziele, überprüfen und reflektieren Sie diese.

5.3 Arbeiten an sich selbst – Selbsterkenntnis ist der Anfang

Führungskräfte sind keine sterilen Instrumente, sondern wirken durch ihre Kompetenz und durch ihre eigene Persönlichkeit. In diesem Zusammenhang ist die Aussage von Bell von Bedeutung: „Es ist der Charakter und nicht die Kompetenz, die noch wirkt, wenn die Führungskraft nicht mehr da ist" (Bell 2006, S. 47 [eigene Übersetzung]). Wenn Sie sich an Führungskräfte in Ihrer bisherigen Biographie erinnern, werden Sie feststellen können, ob und wie diese Aussage zutrifft.

Feedbacks, Reaktionen anderer

An sich selbst zu arbeiten ist leichter gesagt als getan. Am meisten über uns selbst erfahren wir durch andere und so gilt grundsätzlich, die Rückmeldungen, Feedbacks und Reaktion der anderen zu nutzen, diese aber auf der anderen Seite nicht als absolut zu sehen.

Johari-Window

Ein in diesem Zusammenhang immer wieder genutztes Modell ist das so genannte Johari-Window, das zurückgeht auf Joseph Luft und Harry Ingham, es kann einen Abgleich zwischen Fremd- und Selbstwahrnehmung ermöglichen. Das Modell geht davon aus, dass Fremd- und Selbstwahrnehmung verschieden sind, aber eine „Schnittmenge" haben. D. h. die Person selbst und andere sehen das Gleiche an der Person („öffentliche Person"), es gibt aber auch Dinge, die nur die Person von sich selbst weiß („Geheimnis") und Dinge, die nur andere an der Person sehen („blinder Fleck"); darüber hinaus gehört auch das (sowohl dem Anderen als auch mir) Unbekannte zur eigenen Person.

		Selbstwahrnehmung	
		Mir bekannt	**Mir unbekannt**
Fremd-wahr-nehmung	Anderen bekannt	*Öffentliche Person*	*Blinder Fleck*
	Anderen unbekannt	*Mein Geheimnis*	*Unbekanntes*

Abbildung 24: Johari-Window (vgl. Hürter 2020, S. 27)

Auf der einen Seite kann die Person etwa von „ihrem Geheimnis preisgeben", auf der anderen Seite durch Rückmeldungen anderer mehr über sich selbst erfahren um das Feld der „öffentlichen Person" zu vergrößern und den blinden Fleck zu verkleinern. Es wäre jedoch falsch bis schädlich, alles von sich preiszugeben.

Zu Fehlern stehen

Ein aus dem Alten Testament bekanntes Bild ist das des Sündenbocks: Schuld wird auf eine andere Person, oder eben diesen Sündenbock verlagert. Dies mag für die einzelne Person erst einmal entlastend sein, ist aber dauerhaft schädigend für das Zusammenleben. Anstelle nach einer schuldigen Person zu suchen und diese zu verurteilen, sollte es (zumindest in den meisten Fällen) darum gehen, aus eigenen und fremden Fehlern zu lernen. „Wer anderen Schuld zuweist, braucht sich nicht zu ändern. Wenn Sie sich verändern wollen, dann ist der erste und wichtige Schritt: die Schuldzuweisung beenden. Wenn Sie die Verantwortung auch für Ihr Scheitern übernehmen, liegt es in Ihrer Kraft, es beim nächsten Mal besser zu machen" (Sprenger 1997, S. 64).

Eigenmotivation, Resilienz

Natürlich gehören die Eigenmotivation und eine gewisse Resilienz zur Arbeit an sich selbst unbedingt dazu. Mit positiven Bildern und einer Hoffnung kann man sich selbst eher und besser auch aus Krisen herausholen als mit negativen Beispielen und negativer Stimmung: „Wenn Sie also eine unerfreuliche Situation nicht ändern können, dann ändern Sie wenigstens Ihre Einstellung: Anerkennen Sie die Situation so wie sie ist – mit allen Konsequenzen! [...] Jammern und nichts an der Sache zu tun, immer auf das starren, was fehlt, damit ziehen Sie sich selbst herunter" (Sprenger 1997, S. 162).

Das Arbeiten an sich selbst ist sicherlich keine einfache Arbeit, zeigt aber am ehesten Erfolg, denn schließlich gibt es nur eine Person, die jede und jeder von uns nachhaltig verändern kann: sich selbst.

5.4 Aufstieg mit Tücken – Wechsel vom Mitarbeitenden zur Führungskraft

Neue Verhaltenserwartung

Wenn Sie den „Aufstieg" von der Mitarbeiter/innenebene zur Führungskraft geschafft haben, ändert sich im Moment der neuen Rolle vieles. Sie sind zwar nach wie vor Teil der gleichen Organisation, Sie werden aber anders gesehen und üben eine andere Rolle aus. Rolle meint hier zuallererst eine neue Verhaltenserwartung. Auf Sie wird vieles projiziert, was Sie nur zum Teil erfüllen können. Damit sind Enttäuschungen vorprogrammiert. Egal ob sie gewählt oder ernannt wurden, die Mitarbeiter/innen haben Erwartungen an Sie, dass jetzt alles besser wird oder Sie als „Aufsteiger/in" jetzt erst mal durchgreifen oder die „Fronten gewechselt" haben. Sie sind auf jeden Fall nicht mehr in der gleichen Position und sollten möglichst bald deutlich machen, in welche Richtung Sie arbeiten wollen. Vermeiden Sie es, Versprechungen zu machen, die Sie nicht halten können, wie „wir arbeiten zusammen wir vorher" oder „es wird sich nichts ändern" oder „es wird alles besser". Seien Sie vorsichtig mit Ankündigungen, die Sie nicht halten können. Das oft verwendete Wort „Leitung macht einsam" hat hier seinen Sitz im Leben: Sie haben nicht mehr den gleichen Kontakt mit den ehemaligen Kolleginnen und Kollegen.

Belastungsprobe für Freundschaften

Wenn Sie im Arbeitsumfeld Freundschaften gepflegt haben, werden diese jetzt einer Belastungsprobe ausgesetzt: Von anderen werden diese Freundschaften jetzt anders wahrgenommen. Sie sollten zwar nicht die Freundschaften kündigen, aber klare Regeln für sich selbst formulieren und alle Taten und den Anschein vermeiden, dass sie diese Personen bevorzugen. Was den Freundeskreis angeht, sollten Sie auch und vor allem außerhalb der Organisation private Freundschaften pflegen. Gerade in Ihrer neuen Rolle ist es wichtig, dass Sie Freundinnen und Freunde haben, die mit Ihnen „Klartext" reden und darauf achten, dass Sie nicht „abheben". Es gibt Führungskräfte, die ihren Freundeskreis bewusst so aufbauen, dass diese Freundinnen und Freunde keine Verbindung zum eigenen Arbeits- und Tätigkeitsfeld haben, um diese Außenperspektiven aktiv zu nutzen. Ob und wie treu Sie dem Grundsatz „Dienst ist Dienst und Schnaps ist Schnaps" im Sinne einer strikten Trennung zwischen Arbeits- und Privatleben bleiben, ist Ihre Entscheidung. Wichtig ist aber: sich der Vor- und Nachteile einer strikten Trennung wie auch einer Verknüpfung bewusst zu sein. Für beides gibt es positive wie negative Beispiele.

Zu vermeidende Dinge

Führungskräfte „von innen" stehen in besonderer Weise im Rampenlicht und sollten, wie alle anderen neuen Führungskräfte auch, vorsichtig, besonnen und reflektiert an die neuen Aufgaben gehen und vor allem die folgenden Dinge vermeiden:

- „Überhastet Veränderungen in die Wege leiten.
- Ihre neue Rolle als Entscheider permanent in den Fokus rücken.
- Alle bisherigen Strukturen ungeprüft über Bord werfen.
- Sich unrealistische Ziele stecken, die Sie nicht erreichen können.
- Fehler um jeden Preis vermeiden.
- Mögliche Konflikte als persönlichen Angriff werten.
- Konflikte vermeiden, anstatt sie proaktiv anzugehen.
- Sich für alles verantwortlich fühlen.
- Mitarbeitergeheimnisse erfahren wollen.
- Im Bewerbungsverfahren unterlegene Mitarbeiter von der weiteren Planung bewusst ausschließen.
- Alles selbst machen wollen.
- Ängste oder Befürchtungen von Mitarbeitern als übertrieben abtun.
- Ihre Chance der ersten 100 Tage nicht nutzen"

(Groner o. J., S. 5).

Wichtig ist die Kommunikation, auch über die eigene Rolle, wie Groner beschreibt: „Erfolgreich führen bedeutet offen und integrativ zu kommunizieren. Dabei sollten Sie und Ihre Mitarbeiter in gleichem Maße für Kritik wie für Lob offen sein. Da Sie vom Kollegen zum Vorgesetzten wurden, sollten Sie auch besonders transparent mit Ihrer neuen Rolle und den damit verbundenen Problemen oder möglichen Konflikten umgehen" (Groner o. J., S. 4).

Offene, integrative Kommunikation

5.5 Eigene Einarbeitung – nehmen Sie sich Zeit!

„Rom ist nicht an einem Tag erbaut worden" – gehen Sie davon aus, dass Sie Zeit benötigen, die neuen Erfahrungen, Erlebnisse und Begegnungen zu verarbeiten, zu reflektieren und dass Sie gerade am Anfang (und natürlich, was viele vergessen, auch später!) lernen müssen. Eine Einarbeitung benötigt Unterstützung innerhalb und außerhalb der Organisation. Neben dem Kennenlernen geht es um das Verstehen der Abläufe, der Organisation und der Arbeit in der Organisation.

Einarbeitung als Reflexionsfolie

Sofern Sie (die zugegeben seltene) Chance haben, eine formale Einarbeitung durch Unterstützung im Kolleg/innenkreis oder Vorgesetzte zu haben, nutzen Sie diese Einarbeitung auch als Reflexionsfolie für Ihre Arbeit in den ersten Tagen, Wochen und Monaten. Dabei sollten Sie sich immer wieder vergewissern, inwiefern Sie Bilder übernehmen oder sich selbst ein Bild machen. Vertrauen Sie grundsätzlich, bleiben Sie aber kritisch (→ 4.16 Vertrauen und Kontrolle). Wer immer Sie einarbeitet, hat immer auch (natürlicherweise) eigene Interessen, Absichten und Zielsetzungen, die es zu hinterfragen, ergänzen und manchmal auch zu verändern oder verhindern gilt. In erster Linie sollten Sie sich bei der Einarbeitung der Unterstützung Ihrer Vorgesetzten versichern und hier in einem Dialog bleiben, um klar zu erkennen, was diese wollen und wie diese Ihre Arbeit sehen.

Eigener Einarbeitungsplan

Wenn Sie nicht in den Genuss einer zielgerichteten Einarbeitung kommen, sollten Sie sich selbst einen Plan für die Einarbeitung erstellen, wichtig wird es dabei sein, immer wieder Ihr „Bild" von der Organisation zu hinterfragen, Hypothesen zu bilden und diese auch zu hinterfragen. Hilfreiche Punkte eines solchen Einarbeitungsplanes sollten sein (→ 5.1 Analyse):

- Schlüsselpersonen kennenlernen (Mitarbeiter/innen, Kund/innen, Klient/innen, Lieferant/innen)
- Analyse der wichtigsten Stakeholder der Organisation
- (vorläufige) Zielsetzung für Ihre Arbeit
- Aufgabenprioritäten erstellen
- Aufmerksam bleiben für immer wieder geäußerte Probleme
- Möglichkeiten der Veränderungen überlegen und mit anderen besprechen, um sich ein Feedback einzuholen
- Überlegen, an welchen Stellen Sie erste eigene Akzente setzen möchten (z. B. Besprechungs- und Dokumentationskultur, Arbeitsabläufe, Zugang zu Ihnen)
- Offen bleiben für neue Erkenntnisse.

Ganz wichtig wird es sein, sich in der Anfangszeit bewusst Zeiten (wenn es hilft, in den Terminkalender eintragen) zu reservieren, die der eigenen Einarbeitung dienen.

5.6 Erster Eindruck – und andere (Wahrnehmungs-)Verzerrungen

Ja, der erste Eindruck prägt immer, und zwar auf allen Seiten. Psychologisch sind wir alle so gestrickt, dass wir Vergleiche ziehen und versuchen einzuordnen, in Schubladen „einzuteilen", uns einen Überblick zu verschaffen und mit früheren Erfahrungen zu verbinden. Das ist gerade bei der Fülle der vielen neuen Eindrücke auch wichtig. Der erste Eindruck lässt ganz viele bewusste, vor- und unbewusste Informationen zusammenkommen und nicht selten ist das „Bauchgefühl" treffender als die rationale und kühle Überlegung. Dennoch sollten Sie jeder Person auch bei einem nicht so guten ersten Eindruck eine Chance geben, die Person besser kennenzulernen und sie ggf. aus einer Schublade (in Form einer Einsortierung oder in Form von Vorurteilen) wieder herauszulassen.

Verzerrungen

Wie der erste Eindruck prägt, so gibt es auch einige andere Verzerrungen, die unsere Wahrnehmung prägen. Sicher kann sich kein Mensch diesen Verzerrungen entziehen, es kann aber von Vorteil sein, diese Verzerrungen zu kennen und damit zu lernen, mit ihnen umzugehen, sowohl im eigenen Verhalten als auch im Umgang mit anderen Menschen. Verzerrungen sind u. a. damit zu begründen, dass das menschliche Gehirn nur eine begrenzte Anzahl von Wahrnehmungen und Erlebnissen verarbeiten kann und z. B. eher linear als exponentiell „denkt" und längst nicht alle Prozesse im Gehirn rational ablaufen.

Nachstehend nur einige Gesetzmäßigkeiten, die die Wahrnehmung und die Beurteilung von Personen verzerren oder beeinflussen können. Dabei ist auch festzuhalten, dass sich einige der Phänomene nutzen lassen können zur Beeinflussung von Personen, bezogen auf den ersten Eindruck; so kann es beispielsweise von Bedeutung sein, Personen in einer neuen Funktion direkt am ersten Tag aufzusuchen, da die Begegnungen an einem ersten Tag oft stärker in Erinnerung bleiben.

Erster Eindruck als Hypothese sehen

Für die ersten Tage als neue Führungskraft bedeutet dies: Nicht alle Begegnungen der ersten Tage sind wichtig und: Überprüfen Sie von Zeit zu Zeit Ihre Hypothesen bzgl. der Wichtigkeit und Bedeutung von Personen und (mit ihnen verbundenen) Themenfeldern. Die nachfolgend skizzierten Effekte beeinflussen Ihre Wahrnehmung und sollten von Ihnen regelmäßig reflektiert werden:

1. *Selektion von Informationen* (aufgrund von Einstellungen, aktuellen Bedürfnissen, Vorannahmen und Erfahrungen)
2. *Persönliche Vorerfahrungen und Wertungen* (dadurch Akzentuierung der Wahrnehmung)
3. *Frühere Erfahrungen* (Analogiebildung und Kategorisierung)
4. *Konsistenzeffekte* (Wahrnehmung von Dingen, die den eigenen Vorannahmen entsprechen)
5. *Halo-Effekt* (Beurteilung in Abhängigkeit vom Gesamteindruck oder einem wichtigen Einzelmerkmal)
6. *Vorangegangene Informationen* können die Wahrnehmung beeinflussen (z. B. wird durch Akten ein Konformitätsdruck aufgebaut)

7. *Emotionale Beteiligung* (z. B. Nähe zur Person oder persönliche emotionale Enttäuschung)
8. *Logischer oder theoretischer Fehler* (Alltags- oder sonstige Theorien beeinflussen die Wahrnehmung)
9. *Observer Drift* (durch Gewöhnung und Erfahrung finden Beobachtungen ggf. nicht mehr eine angemessene Berücksichtigung)
10. *Zentrale Tendenz* (Neigung zur mittleren Beurteilung)
11. *Persönliche Tendenzen und Dispositionen* (eigene besondere Strenge, Milde oder soziale Erwünschtheit)
12. *Primacy-Recency-Effekt* (Informationen zu Beginn und zum Ende einer Beobachtung werden eher behalten).
13. *Erinnerungsfehler* (wenn z. B. Beobachtungen erste später protokolliert werden, können alle vorgenannten Effekte verstärken)

(vgl. Oberloskamp et al. 2017, S. 65 ff.)

5.7 Fehler – zum Lernen nutzen

Quelle des Lernens

Wer handelt, macht Fehler, dies gilt umso mehr, als Führungskräfte Entscheidungen für eine (stets ungewisse) Zukunft treffen. Es wäre vermessen und würde nicht der Wahrheit entsprechen, wenn Führungskräfte von sich behaupteten, keine Fehler zu machen. Fehler gehören zum Alltag und können, wenn sie zugegeben, erkannt und analysiert werden, zu Quellen des Lernens werden. Dazu bedarf es der Fähigkeit, sich selbst zu reflektieren, sich Rückmeldungen, auch und gerade von Mitarbeitenden, Kolleg/innen und Vorgesetzten sowie wichtigen Stakeholder/innen einzuholen. Fehler zuzugeben sind keinesfalls ein Zeichen von Schwäche, sondern können Impulse für das individuelle und kollektive Lernen in einer Organisation sein (vgl. Schneider 2017).

Manager machen Fehler

Wichtig ist, die eigenen Fehler mehr und mehr zu erkennen, zu ihnen zu stehen und aus ihnen zu lernen. Dass Führungskräfte keine Fehler haben ist ein Mythos. Nicht umsonst können in der katholischen Kirche nur Personen heiliggesprochen werden, die keine Fehler mehr machen können, weil sie bereits eine (mehr oder weniger lange) Zeit tot sind und sich nur noch die wenigsten an ihre Fehler und Schwächen erinnern. Mintzberg: „Ganz einfach: Erfolgreiche Manager machen Fehler – wie jeder Mensch –, doch ihre spezifischen Fehler sind unter den gegebenen Umständen eben nicht verhängnisvoll. Vernünftige Menschen können mit nachvollziehbaren Fehlern anderer durchaus leben. Absolut verhängnisvoll sind dagegen die utopischen Listen mit Managereigenschaften, weil sie vollkommen daneben liegen können. Muss ein Manager wirklich „angstfrei entschlossen handeln?" (Mintzberg 2019, S. 21).

„Wer einen Fehler gemacht hat, weiß das selbst sehr wohl und am besten. Der Fehler ist *passiert*; niemand macht Fehler absichtlich. Dramatisieren ist nur Energieverschwendung. Sinnvoll ist, wenn Sie ein Gespräch über den Fehler führen. Ohne Anklage! Analysieren Sie gemeinsam die Ursachen und nutzen Sie das Lernpotenzial, welches daraus erwächst." (Sprenger 2012, S. 270). (→ 4.16 Vertrauen und Kontrolle).

5.8 Fremd in der Organisation – als Führungskraft „von außen"

Genauso wie es Vorteile und Nachteile hat, aus der eigenen Organisation zu kommen und hier als Mitarbeiter/in zur Führungskraft aufzusteigen (→ 5.4 Aufstieg mit Tücken), ist dies der Fall, wenn Sie neu in der Organisation sind. Zum einen weckt das bei vielen die Neugierde und Sie können mit ganz nüchternem wie unbelastetem Blick analysieren, zum anderen wird dies aber auch bedeuten, dass Ihnen vieles an Insiderwissen fehlt. Als fremde Person haben Sie den Vorteil, nicht mit Scheuklappen durch die Organisation zu gehen, aber auch den Nachteil, nicht alle „Fettnäpfchen" zu kennen.

Leitideen zu Beginn

Beides sollten Sie für sich nutzen:

- Nutzen Sie die ersten 100 Tage vor allem, um die Organisation zu verstehen und notieren Sie sich, bevor Sie selbst Scheuklappen entwickeln, was Ihnen fremd, anders oder seltsam vorkommt. Wenn sich diese Dinge nicht direkt beantworten lassen, behalten Sie diese Dinge im Blick.
- Seien Sie aufmerksam und achten Sie darauf, wie die Menschen in Ihrem Umfeld auf Ihre Handlungen reagieren.
- Fragen Sie, nutzen Sie die Unbefangenheit und die Unkenntnis der/des Neuen: Wie wurde das bisher gemacht? Warum wird das so gemacht? Sie werden durch die Fragen sehr schnell merken, wie sich Routinen und Abläufe begründen.
- Sehen Sie sich vor Entscheidungen verschiedene Perspektiven an, nehmen Sie selbst verschiedene Perspektiven ein und vergessen Sie nicht Ihre eigene Perspektive und Ihre Erfahrungen einzubringen.
- Möglicherweise gibt es Personen aus der Organisation, die sich ebenfalls auf Ihre jetzige Stelle beworben haben, aber nicht zum Zuge gekommen sind. Möglicherweise werden Sie von diesen Personen oder den Mitarbeiter/innen an diesen gemessen. In diesem Fall sollten Sie versuchen, einen Weg zu finden, entweder diese Person einzubinden oder aber gemeinsam mit ihr eine Perspektive für das berufliche Fortkommen in oder außerhalb der Organisation zu entwickeln. Sie sollten sich jedoch nicht auf einen Machtkampf einlassen. Schließlich haben andere die Entscheidung für Sie getroffen.
- Vieles mag Ihnen aus anderen beruflichen Erfahrungen bekannt vorkommen. Es erscheint aber weniger hilfreich, wenn Sie allzu oft Vergleich mit Ihren vergangenen Erfahrungen ziehen. Dies könnte signalisieren, dass Sie nicht die Einzigartigkeit oder die Besonderheit der Organisation schätzen.

Auf kurz oder lang sollten Sie aus der Fremdheit eine Vertrautheit mit und in der Organisation anstreben, eigene Akzente setzen und die Organisation für sich gewinnen. Dazu gilt es gerade in der Anfangszeit viele Kontakte zu knüpfen, neugierig zu bleiben, sich einen Überblick zu verschaffen und viel zu kommunizieren.

5.9 Prioritäten setzen – 1000 Aufgaben in eine Reihenfolge bringen

Gerade in den ersten Tag fällt es schwer, die Aufgaben zu sortieren und zu beurteilen, welche der neuen und vielen Aufgaben wie wichtig und dringend sind. Prioritäten bedeuten gleichzeitig auch Posterioritäten, also Dinge, die zurückgestellt werden können oder auch an andere delegiert werden sollten (→ 4.2 Delegation). Bei dieser Sortierung kommen oft Wünsche, Vorerfahrungen und Gewohnheiten zu Tage, die von Kolleg/innen, Vorgänger/innen oder Mitarbeiter/innen aus welchen Gründen auch immer entstanden sind.

Leitfragen zu Beginn

Bei der Setzung von Prioritäten hilft ein innerer Kompass, der z. B. die folgenden Punkte berücksichtigt:

- Was muss getan werden?
- Muss dies von mir getan werden?
- Will ich diese Aufgabe dauerhaft ausführen?
- Gehört diese Aufgabe zu meiner Tätigkeit?
- Kann diese Aufgabe delegiert werden?
- Kann die Aufgabe (mit welchen Konsequenzen für mich, für andere, für die Organisation) verschoben werden?
- Ist die Aufgabe so drängend und dringend, wie sie artikuliert wird? (Wenn Aufgaben sehr oft ganz dringend gemacht werden, stecken möglicherweise Strukturen oder Gewohnheiten hinter der Sache, die es zu verändern gilt.)
- Liegen alle Informationen zu einer Entscheidung vor, welche Informationen benötige ich bis wann von wem, um die Aufgabe gut zu erfüllen?

Einteilung nach dem Eisenhower-Prinzip

Von Eisenhower wird überliefert, dass er Aufgaben nach den beiden Kategorien einteilte: dringend und wichtig:

- Dringend und wichtig: selbst erledigen,
- Weder dingend noch wichtig: nicht bearbeiten,
- Dringend, aber nicht wichtig: delegieren,
- Nicht dringend, aber wichtig: später erledigen.

Vielfach wird bei der Prioritätensetzung vergessen, dass nicht alle Dinge wichtig sind, sondern, dass es auch Aufgaben geben muss, die nachrangig sind oder die einfach auch keiner Bearbeitung bedürfen, weil sie unwichtig sind. Einfach gesagt, aber doch oft vergessen: Erst denken und dann handeln.

Einteilung nach Zielhierarchie

Auch hilft eine Einteilung nach Zielhierarchien:

- Wie sind die Aufgaben unter Berücksichtigung der normativen und strategischen Unternehmensziele zu bewerten?
- Welchen Beitrag tragen sie (mutmaßlich) zum Unternehmenserfolg bei?

Nicht immer sind es die Aufgaben, die am meisten Energie in Anspruch nehmen, die anschließend einen wichtigen Beitrag zum Erfolg haben. Daher gilt auch hier für die Führungskraft einen Überblick zu behalten und klar für Richtung(en) zu sorgen.

Rückgabe von Verwaltungs-, Routineaufgaben

Manchmal wurden in der Vergangenheit auch „unliebsame" Aufgaben bei der Führungskraft „abgeladen", wie Verwaltungsaufgaben oder Routineaufgaben. Auch hier sollte die Führungskraft Zeichen setzen und Aufgaben ggf. weitergeben oder zurückgeben, um sich den eigentlichen Führungsaufgaben zu widmen. Im Non-Profit-Bereich wird gerade diese Führungs- und Managementaufgabe nicht entsprechend geschätzt. Dies zeigt sich z. B. in der Sprache: Im Arbeitsfeld der Kindertageseinrichtungen war es jahrelang üblich statt von einer Leitungszeit oder einem Leitungsdeputat von einer „Leitungsfreistellung" zu reden, als seien Führungsaufgaben ein Vergnügen oder keine ernstzunehmende Aufgabe. (→ hierzu auch 5.15 Zeitmanagement).

5.10 Stärken zur Führung nutzen – die eigenen und die der Mitarbeiter/innen

An Schwächen zu arbeiten, bringt auf Dauer nichts. Dies führt laut Drucker allenfalls zu Mittelmäßigkeit (vgl. Drucker 2006, S. 72). Dies bedeutet aber keineswegs, dass es nur Menschen mit Stärken gibt. Jeder Mensch hat Stärken und Schwächen, Drucker: „Strong people always have strong weaknesses, too. Where are the peaks, there are valleys" (Drucker 2006, S. 72).

Stärkenorientierte Führung

Rath und Conchie nennen vier Grundbedürfnisse von Geführten:

- Vertrauen
- Mitgefühl
- Stabilität und
- Hoffnung.

(vgl. Rath und Conchie 2018, S. 74)

Die Grundidee ihrer stärkenorientierten Führung geht davon aus, dass Führungskräfte ihre eigenen Stärken so einsetzen sollten, dass sie dadurch genau die o. g. Grundbedürfnisse ansprechen, d. h. Vertrauen aufbauen, Mitgefühl zeigen, Stabilität vermitteln und Hoffnung erwecken. Ebenso sollten Menschen geführt werden, indem sie ihre eigenen Stärken einsetzen und verbessern können. Rath und Conchie kommen aufgrund von empirischen Studien zu folgenden zentralen Erkenntnissen:

1. „Die effektivsten Führungskräfte investieren immer in Stärken" (a. a. O., S. 12)
2. „Die effektivsten Führungskräfte umgeben sich mit den richtigen Leuten und optimieren ihr Team" (a. a. O.)
3. „Die effektivsten Führungskräfte verstehen die Bedürfnisse ihrer Mitarbeiter" (a. a. O., S. 13).

Das bedeutet zum einen, die eigenen Stärken zu identifizieren und das geht meist nur, indem wir sehr stark mit anderen in Kontakt sind und uns Rückmeldungen zu uns selbst holen (→ 5.3 Arbeiten an sich selbst). Zum anderen bedeutet dies, in engem Kontakt mit den Mitarbeitenden zu stehen, um sie bei der Entwicklung ihrer eigenen Stärken optimal zu unterstützen.

Stärken in unterschiedlichen Bereichen

Rath und Conchie stellen eine Liste von möglichen Stärken vor, die sie jeweils in Stärken im Bereich Durchführung, Einflussnahme, Beziehungsaufbau und Strategisches Denken einordnen. Stärken aus all diesen vier Bereichen sind für die Führung wichtig, müssen aber nicht bei einer Führungskraft allein vorhanden sein. Entweder kann man einige dieser Stärken von Mitarbeiter/innen nutzen oder in einem Führungsteam finden. Gerade bei einer Führung in einem Team lassen sich die Stärken aller besser nutzen.

Durchführung	**Einflussnahme**	**Beziehungsaufbau**	**Strategisches Denken**
Ideen erfassen und realisieren	*Sicherstellen, dass Meinungen Gehör verschafft wird*	*Fähigkeit, feste Beziehungen aufzubauen*	*Blick auf die Zukunft schärfen und Informationen auf Entscheidungen hin analysieren*
Arrangeur	Autorität	Anpassungsfähigkeit	Analytisch
Behutsamkeit	Bedeutsamkeit	Bindungsfähigkeit	Ideensammler
Disziplin	Höchstleistung	Einfühlungsvermögen	Intellekt
Fokus	Kommunikationsfähigkeit	Einzelwahrnehmung	Kontext
Gleichbehandlung	Kontaktfreudigkeit	Entwicklung	Strategie
Leistungsorientierung	Selbstbewusstsein	Harmoniebestreben	Vorstellungskraft
Verantwortungsgefühl	Tatkraft	Integrationsbestreben	Wissbegier
Wiederherstellung	Wettbewerbsorientierung	Positive Einstellung	Zukunftsorientierung
Überzeugung		Verbundenheit	

Abbildung 25: Stärken von Führungskräften … und Mitarbeiter/innen (vgl. Rath und Conchie 2018, S. 32)

Stärken erkennen, ausbalancieren, entwickeln

Für die Führungskraft gilt, die eigenen Stärken weiterzuentwickeln, aber diese auch so auszubalancieren, dass sie nicht schädlich werden (so kann z. B. ein zu großes Harmoniebestreben Konflikte und deren notwendige Entscheidung übersehen). Das bedeutet aber auch, bei Mitarbeiter/innen genau darauf zu achten, wie deren Fähigkeiten für das Unternehmen genutzt werden können und zwar nicht im Sinne von ausnutzen, sondern im Sinne von „Talente entfalten". So wird eine Führungskraft kaum eine kontaktfreudige Person für Archivaufgaben einteilen, sondern dort einsetzen, wo Kontakte zu Kund/innen und Stakeholder/innen wichtig sind.

5.11 Unterstützung – lassen Sie sich helfen

Führungskräfte sind und bleiben Menschen. Gerade in einer neuen Aufgabe sollten Sie sich, wenn nötig, Hilfe holen und immer wieder auch andere Perspektiven nutzen. Formen des Coachings, der Supervision, der kollegialen Beratung mit anderen Führungskräften sind hier sinnvoll. Zum einen hat dies (hoffentlich) direkt einen Einfluss auf Ihre Führungstätigkeit und -kompetenz, zum anderen stärkt dies Ihre Fremd- und Eigenwahrnehmung.

Wie alles hat auch die Unterstützung ihre zwei Seiten: Unterstützung bedeutet eine Hilfe im Hintergrund und nicht den Ersatz für das eigene Handeln oder Nichthandeln. Coaching kann Ihnen Rückmeldungen geben, Verhaltensalternativen anbieten und Sie stützen, aber: gehen und handeln müssen Sie allein, genau wie Sie auch selbst Entscheidungen treffen und verantworten müssen.

Hilfe ist in erster Linie kein Zeichen von Scheitern oder Schwäche, sondern kann und sollte Ausdruck einer Professionalität sein, die eigene Grenzen, Unsicherheiten und Zweifel bewusst wahrnimmt (→ 5.3 Arbeiten an sich selbst) und zusammen mit anderen nach Lösungen sucht, die das eigene Handeln in der Organisation voranbringt.

5.12 Vorbild werden – ohne es zu wollen

Alles, was Sie als Führungskraft tun, wird (wie auch immer) wahrgenommen und bewertet. Ob Sie es wollen oder nicht, Ihr Handeln wird genau beobachtet und wesentlicher als Ihre Worte werden Ihre Handlungen beurteilt. In diesem Sinne geben Sie ein Bild ab, dem man sich entweder entgegenstellt, es sich „neutral" ansieht oder dies als Vorbild für das eigene Handeln nimmt. Nicht nur Kinder lernen durch Modell-Lernen, auch Erwachsene sehen genau hin und orientieren sich (nicht immer) an Führungskräften. Dadurch, dass eine Führungskraft „auf der Bühne" einer Organisation steht, wird sie erkennbar und ihr Handeln wird bewusst oder unbewusst als Vorbild gesehen.

Sorgen Sie selbst dafür, dass dieses Vorbild nicht zum Heiligenbild wird (Heilige sind zwar Vorbilder, aber sie leben nicht mehr (zumindest nicht mehr im irdischen und weltlichen Sinne)!) Zeigen Sie auch (dosiert) Ihre Fehler und Schwächen und stehen Sie dazu.

Die Diskussion, ob eine Führungskraft ein Vorbild ist, sein soll oder gerade nicht, ist noch nicht abgeschlossen. Auf der einen Seite steht der eigene Anspruch der Führungskraft, die Arbeit wirksam und gut zu machen und Erwartungen nach Orientierung der Mitarbeiter/innen. Auf der anderen Seite gibt es aber auch den Anspruch, dass Mitarbeiter/innen selbstständig arbeiten und nicht einfach nur der Führungskraft „nachlaufen". Manche Führungskräfte in Wirtschaft oder Politik möchte man auch gar nicht zum Vorbild haben, da sie eher ein abschreckendes als ein vorbildliches Verhalten an den Tag legen.

Argumente gegen die Vorbildeigenschaft

Vollmer (2016) nennt in seiner Widerlegung zur Vorbildeigenschaft einer Führungskraft drei Argumente:

- „Du kannst nicht beschließen, wer Vorbild ist": Da der Vorbildcharakter ein reflexiver ist, kann keine Führungskraft von sich aus sagen, dass sie Vorbild ist. Diese Eigenschaft wird von anderen zugeschrieben. Mitarbeiter/innen suchen sich selbst aus, wer Vorbild ist und wer nicht.

- „Du erzeugst systematisch Verlierer": Entweder Mitarbeiter/innen sehen eine Führungskraft als Vorbild an, weil sie ähnliche Werte vertreten, oder aber sie verhalten sich als Marionetten, der Anspruch als Führungskraft Vorbild zu sein führt auch bei der Führungskraft zur Frustration, weil sie letztlich diesen nie erfüllen kann und sich und andere an dem Anspruch scheitern lässt.

- „Du infantilisierst die Menschen im Unternehmen": Dahinter steckt ein paternalistisches Menschenbild, das davon ausgeht, dass Menschen Vorbilder brauchen und nachahmen wollen. Auch bei Kindern gilt: Sie entscheiden, welches Verhalten sie sich zu eigen machen oder: „Wenn man Kindern Liebe predigt, lernen sie eher predigen als lieben".

(vgl. Vollmer 2016).

Schließlich und endlich sollten Sie sich die Frage stellen, welche Mitarbeiter/innen Sie sich wünschen: eigenständige und eigenverantwortliche Mitarbeiter/innen oder solche, die Ihnen blind folgen und alles nachmachen?

Auch bei Ihren möglichen Vorbildern werden Sie, wenn Sie ehrlich sind, feststellen, dass auch diese Ecken und Kanten haben und sich trotz mancher Dinge, die Sie an diesen Personen bewundern, nur die Handlungen für sich „kopieren" oder „nachahmen", die auch zu Ihrer Person passen.

Nutzen Sie die Ihnen gebotene „Bühne" und Aufmerksamkeit gezielt für das Handeln, das Sie auch von anderen erwarten, und seien Sie Modell und zugleich Reibungsfläche. Gerade letztere setzt Kräfte frei und führt zu neuen und „zündenden" Ideen und Innovationen.

5.13 Vorgänger/in – bleiben Sie das Original

Gehen Sie Ihren eigenen Weg. Wer auch immer Ihr Vorgänger, Ihre Vorgängerin ist oder war, Sie sind zum einen eine andere Persönlichkeit und Sie haben in einer anderen Zeit eine andere Aufgabe. Das heißt aber nicht, dass es nicht lohnt mit der Person, die vor Ihnen die Aufgabe ausgeführt hat, in Kontakt zu treten und seine/ihre Perspektive auf die Organisation einzuholen und in Ihre Überlegungen einzubeziehen, aber eben nur als eine Perspektive, die je nach Lage von deren Erfolg oder Misserfolg geprägt ist. Wenn diese Person nicht mehr in der Organisation tätig ist, hat sie ggf. eine wertvolle „Außenperspektive". Meiden Sie aber bei einem Gespräch irgendwelche Versprechungen, Aufgabenzuweisungen u. dgl. Sehen Sie das Gespräch mit Vorgänger/innen als ein Informationsgespräch auf Augenhöhe.

Von Ihren Mitarbeiter/innen werden Sie, ob Sie es wollen oder nicht, immer auch mit Ihren Vorgänger/innen verglichen. Mitarbeiter/innen beurteilen Sie nach Ihrem ersten Eindruck und vergleichen Sie mit anderen. Zuweilen finden dann auch Übertragungen statt, Mutmaßungen über die Art und Weise, wie Sie an den neuen Arbeitsplatz gekommen sind oder über mögliche versteckte Aufträge. In dieser Zeit kommt es darauf an, dass Sie sich selbst treu bleiben und eine gute Balance zwischen Ihrer neuen Aufgabe und Ihrer Persönlichkeit finden. Sie sind beides, Sie können nicht Ihre Person aus Ihrer neuen Rolle herausnehmen oder die neue Rolle aus Ihrer Person. Sie kommen erst einmal in eine „Schublade" und sollten sich durch Ihr Handeln aktiv darum bemühen, aus dieser Schublade wieder herauszukommen und ein eigenes Profil zu bilden.

5.14 Werte, Einstellungen und Haltungen – die eigene Orientierung

Sie fangen als Führungskraft nicht bei null an. Sie kommen mit Ihren Erfahrungen, Werthaltungen und Ihrer Biografie in die neue Organisation. Werte, Einstellungen und Haltungen beeinflussen mehr oder weniger bewusst Ihr Handeln in der Organisation.

Kompatible Wertebasis

Wichtig für die Arbeit in der neuen Organisation ist, dass Ihre Werte eine hohe Übereinstimmung mit den Werten und Normen der Organisation haben (→ 1.7 Leitbild), andernfalls wird dies entweder Ihnen oder der Organisation auf lange Sicht schaden. Eine absolute Übereinstimmung wird es kaum geben, dies würde entweder bedeuten, dass Sie sich (blind) allen Werten der Organisation anschließen oder aber, dass die Organisation alle Werte von Ihnen übernimmt. Grundlegend ist eine gemeinsame Wertebasis.

Einstellungen

Einstellungen sind bewusste Muster, die uns helfen, schnell Personen und Situationen einzuschätzen und zu bewerten. Auch diese gilt es zu reflektieren (→ 5.6 Erster Eindruck).

Haltung

Mit Haltung sind, oft auch unbewusste „Muster des Denkens, Wahrnehmens und Handelns" (Frink 2015, S. 86) gemeint. Diese Haltungen bestimmen unsere Handlungen und hängen sehr stark mit unserer individuellen Biografie zusammen, mit dem, was wir erlebt, erfahren und für wichtig empfinden oder empfunden haben. Gerade diese Haltungen bei uns selbst und bei anderen sind nicht auf den ersten Blick zu erkennen und nur mittel- bis langfristig veränderbar. Daher sollten Sie sich diese Haltungen bewusst machen, offen darüber reden, das hilft, vieles zu verstehen und einzuordnen.

Haltung hat im Übrigen auch ganz körperlich mit Entfaltung, mit Freiraum und Möglichkeiten zu tun. Wem dies alles fehlt, kann auch keine Haltung entwickeln. Wenn Sie also Ihren Mitarbeiter/innen keine solchen Freiräume ermöglichen, werden Sie vergeblich nach deren Haltung suchen.

5.15 Zeitmanagement – Wesentliches fokussieren

Zeit- wie auch Selbstmanagement ist für eine Führungskraft enorm wichtig. Drucker geht sogar so weit, dass er das Zeitmanagement als Basis jeder anderen Managementtätigkeit ansieht: „Time is the scarest resource, and unless it is managed, nothing else can be managed" (Drucker 2006, S. 51).

Identifikation von Zeitverschwendung

Als ersten Punkt einer Diagnose des Zeitmanagements gilt die Identifikation von Zeitverschwendung: „First one tries to identify and eliminate the things that need not be done at all, the things that are purely waste of time without any results whatever" (a. a. O., S. 36). Der zweite Schritt besteht darin, Ausschau zu halten nach anderen Personen: „The next question is: Which of the activities on my time log could be done by somebody else just as well, if not better?" (a. a. O., S. 37). Schließlich, und das wird wohl oft vergessen, geht es darum, als Führungskraft auch sehr kritisch mit der Zeit anderer umzugehen: „A common cause of time-waste is largely under the executive's control and can be eliminated by him. That is the time of others he himself wastes" (a. a. O., S. 38).

Zeitpuffer einbauen

Zum Zeitmanagement gibt es eine Fülle von Ansätzen und Modellen. Wichtig wird es sein, einen eigenen Stil im Umgang mit der stets knappen Zeit zu finden, was wiederum mit der eigenen Persönlichkeit zusammenhängt. Auf jeden Fall sollte nie das ganze Zeitbudget verplant werden, sondern immer wieder auch Puffer für Unvorhergesehenes „eingebaut" werden. Oft ist von einer 70/30-Regel die Rede, was meint 70 % zu verplanen und 30 % offen zu halten.

Prioritäten setzen

Ein weiterer wichtiger Punkt beim Zeitmanagement ist die (→ 5.9) Priorität:

- Welche Aufgaben sind sofort zu erledigen?
- Welche Aufgaben haben Zeit (dabei ist auch zu berücksichtigen, welche (potenzielle) Wirkung von der Aufgabenerledigung ausgeht)?

Zeit für eine Aufgabe abschätzen

Ebenso bedeutsam ist es, die benötigte Zeit für eine Aufgabe abzuschätzen. Gerade bei komplexen, neuen und umfangreichen Aufgaben wird es wichtig sein, diese störungsfrei ohne Unterbrechungen erledigen zu können. Bei anderen Aufgaben (z. B. bei der Abfassung eines Berichtes oder einer Publikation) kann es sinnvoll sein, die Arbeit einfach einmal „liegen zu lassen" und nach einer gewissen Zeit diese erneut in die Hand zu nehmen.

Zeitbudget überprüfen, anpassen

Von Zeit zu Zeit gilt es, das persönliche Zeitbudget zu überprüfen und den jeweils neuen Begebenheiten anzupassen. Zu Beginn sollten Sie z. B. viel Zeit zum Kennenlernen und für Gespräche einplanen, die später (vielleicht) nicht mehr einen so großen Stellenwert im Zeitbudget einnehmen. Im Sinne der oben genannten Regeln von Drucker gilt es mit der Zeit ein Gefühl dafür zu entwickeln, wie die „eigene Herrschaft über die Zeit" verwirklicht werden kann. Vergessen Sie aber bitte nicht das, was Sie für Ihr eigenes Zeitmanagement für wichtig halten, auch Ihren Mitarbeiter/innen zu ermöglichen. Es trägt sicherlich zur Arbeitszufriedenheit und zur Selbständigkeit der Mitarbeiter/innen bei, wenn diese sich (soweit möglich) die Zeit selbst einteilen können und innerhalb der vorgegebenen Aufgaben eine eigene Zeitsouveränität behalten oder erhalten können.

5.16 Checkliste Selbstmanagement

Thema/Fragestellung	Dringlichkeit, Prioritäten			IST			SOLL		
Beispiel: Fehler		*2*		*1*					*3*
	Negative Fehlerkultur			*Fehler werden als persönliche Schande eher verdeckt*			*Lernen aus Fehlern, Vorbild: Führungskraft*		
Analyse: Mit welchen Fragen können Sie für sich die Organisation „entschlüsseln"?									
Analyse: Welche Kontakte sind oder können relevant sein?									
Arbeitsorganisation: Was wollen Sie an Ihrem Arbeitsstil ändern, was beibehalten?									
Arbeiten an sich selbst: Wo können Sie stärker als bisher Ihre Verantwortung für das eigene Tun „in die Hand nehmen"?									
Arbeiten an sich selbst: Wer kann Ihnen aus Ihrer Umgebung ein ehrliches Feedback geben? Ermuntern Sie auch Mitarbeiter/innen zu einem Feedback!									
Aufstieg mit Tücken: Als „Aufsteiger/in" sollten Sie sich und anderen die neue Rolle bewusst machen.									
Eigene Einarbeitung: Planen Sie die Einarbeitung und gehen Sie schrittweise vor.									
Eigene Einarbeitung: Wenn Sie von anderen Personen eingearbeitet werden: Welche Interessen haben welche Personen? Wo können Sie Ihren eigenen Stil finden?									
Erster Eindruck: Sehen Sie den ersten Eindruck als Hypothese und beobachten Sie genau, ob sich dieser bestätigt oder ob er verworfen werden kann.									

Thema/Fragestellung	Dringlichkeit, Prioritäten	IST	SOLL
Beispiel: Fehler	*2*	*1*	*3*
	Negative Fehlerkultur	*Fehler werden als persönliche Schande eher verdeckt*	*Lernen aus Fehlern, Vorbild: Führungskraft*
Erster Eindruck: Reflektieren Sie Ihre Wahrnehmung und hinterfragen Sie immer wieder Ihre Beobachtungen.			
Fehler: Konzentrieren Sie sich nicht auf Fehler. Wenn Sie Fehler machen: Sehen Sie genau hin und überlegen Sie, wie Sie und andere daraus lernen können!			
Fremd in der Organisation: Nutzen Sie Ihren fremden Blick und machen Sie sich mit der Logik der Organisation vertraut!			
Prioritäten setzen: Wenn Sie einen Überblick über die Aufgaben haben, sollten Sie diese nach Wichtigkeit und Dringlichkeit sortieren.			
Prioritäten setzen: Welche Aufgaben sind nachrangig und können von anderen bearbeitet bzw. erledigt werden?			
Stärken zur Führung nutzen: Machen Sie sich Ihre Stärken bewusst und setzen Sie diese zur Führung der Organisation ein!			
Stärken zur Führung nutzen: Wie können Sie die Talente Ihrer Mitarbeiter/innen optimal für die Organisation einsetzen und nutzen?			
Unterstützung: An welchen Stellen benötigen Sie Unterstützung (von außen und auch von innen)?			
Vorbild sein: Arbeiten Sie weniger daran, Vorbild sein zu wollen, sondern eher daran, dass Sie im Einklang mit Ihren Werten handeln.			
Vorgänger/in: An welchen Stellen müssen Sie sich bewusst und sichtbar von Vorgänger/innen unterscheiden, da Sie in einer anderen Zeit andere Aufgaben haben?			

Thema/Fragestellung	Dringlichkeit, Prioritäten			IST			SOLL		
Beispiel: Fehler		*2*		*1*					*3*
	Negative Fehlerkultur			*Fehler werden als persönliche Schande eher verdeckt*			*Lernen aus Fehlern, Vorbild: Führungskraft*		
Werte, Einstelllungen und Haltungen: Wo stimmen Ihre Werte, Einstellungen und Haltungen mit denen in der Organisation überein, wo nicht?									
Zeitmanagement: An welchen Stellen kommt es zu „Heißläufen“, wie lassen sich diese dauerhaft strukturell vermeiden?									

Literaturverzeichnis

Arens, Heribert (2017). Menschen führen mit Franz von Assisi. Kevelaer: Topos Verlag.

Arnold, Ulli, Grunwald, Klaus und Maelicke, Bernd (Hrsg.) (2014). Lehrbuch der Sozialwirtschaft. 4. Auflage. Baden-Baden: Nomos.

Arnold, Ulli (2014). Sozialmarketing. In: ders., Grunwald, Klaus und Maelicke Bernd (Hrsg.). Lehrbuch der Sozialwirtschaft. 4. Auflage. Baden-Baden: Nomos. S. 650–706.

Attas, Daniel (2004). A Moral Stakeholder Theory of the Firm. In: zfwu (Zeitschrift für Wirtschafts- und Unternehmensethik) 3/2004, S. 312–318.

Avenarius, Horst (2000). Public Relations. Die Grundform der gesellschaftlichen Kommunikation. Darmstadt: Wissenschaftliche Buchgesellschaft.

Bayerisches Staatsministerium der Finanzen, für Landesentwicklung und Heimat (2015). Steuertipps für Vereine. München: Bayerisches Staatsministerium der Finanzen.

Beckmann, Kathinka, Ehlting, Thora und Klaes, Sophie (2018). Berufliche Realität im Jugendamt: der ASD in strukturellen Zwängen. Berlin: Verlag des Deutschen Vereins für öffentliche und private Fürsorge.

Belbin, Meredith (2010). Management Teams. Why they succeed or fail. London: Routledge.

Belker, Peter (2020). Die 7 Prinzipien des Führens auf Distanz. Führen aus der Ferne – Sieben einfache Prinzipien. In: https://coaching.haufe.com/thema/die-7-prinzipine-des-fuhrens-auf-distanz (Abruf: 5.11.2020).

Bell, Antony (2006). Great Leadership. What it is and what it takes in a complex world. Mountain View: Davies-Black Publishing.

Birzele, Joachim und Schmeißer, Sabine (2019). Fundraising: Betriebswirtschaftliche und organisatorische Grundlagen für die Praxis sozialer Organisationen. Regensburg: Walhalla.

Birzele, Hans-Joachim und Thieme, Lutz (2007). Sozialmarketing. Schwalbach/Ts.: Wochenschau-Verlag.

Böhnisch, Lothar (2020). Sozialpädagogik der Nachhaltigkeit. Weinheim: Beltz Juventa.

Boss, Frank und Mitterer, Gerald (2014). Einführung in das systemische Management. Heidelberg: Carl Auer.

Buckingham, Marcus und Coffmann, Surt (1999). First break all the rules. New York: Simon und Schuster.

Bundesministerium für Familie, Senioren, Frauen und Jugend (2016). Freiwilliges Engagement in Deutschland. Zusammenfassung zentraler Ergebnisse des Vierten Deutschen Freiwilligensurveys. Berlin: Bundesministerium für Familie, Senioren, Frauen und Jugend.

Bürgisser, Herbert (2008). Bedeutung von Sozialmanagement und Sozialwirtschaft in der Schweiz. Vortrag auf dem Vierländerkongress am 24. April 2008 [eigene Notizen].

Bürgisser, Herbert (2009). Sozialmanagement und Sozialwirtschaft in der Schweiz. Vortrag am 12. Februar 2009 in München [eigene Notizen].

Conrad, Christian A. (2020). Wirtschaftsethik. Eine Voraussetzung für Produktivität. 2. Auflage. Wiesbaden: Springer Gabler.

Covey, Stephen R. (2014). Leadership. Essentials für die Unternehmensführung. Offenbach: Gabal Verlag.

Doppler, Klaus (2020). Führen in unsicheren Zeiten. In: Sozialwirtschaft 2/2020, S. 7–9.

Dreas, Susanne A. (2019). Diversity Management in Organisationen der Sozialwirtschaft. Wiesbaden: Springer VS.

Drucker, Peter F. (2006). The Effective Executive. New York: Harper Business.

Duden (2014). Das Herkunftswörterbuch. Etymologie der deutschen Sprache. Mannheim: Bibliographisches Institut.

Felber, Christian (2019). This is not Economy. Aufruf zur Revolution der Wirtschaftswissenschaften. Wien: Deuticke.

Felber, Christian (2014). Gemeinwohl-Ökonomie. Eine demokratische Alternative wächst. Wien: Deuticke.

Fisher, Roger, Ury, William und Patton, Bruce (2006). Das Harvard-Konzept. Der Klassiker der Verhandlungstechnik. Frankfurt am Main: Campus-Verlag.

Foerster, Heinz von und Ollrogge, Birger (1993): KybernEthik. Berlin: Merve-Verlag.

Fraunhofer-Institut für Produktionstechnik und Automatisierung IPA (2020). Agile Organisation: Die beste Organisationsform? Orientierung und Handlungsempfehlungen für den industriellen Mittelstand. Stuttgart: Fraunhofer.

Frink, Monika (2015). Haltung als pädagogischer Begriff. In: Schneider, Armin et al. Kindertageseinrichtungen: Qualitätsentwicklung im Diskurs. S. 75–88. Opladen: Verlag Barbara Budrich.

Glasl, Friedrich (2018). Konfliktmanagement als Führungskompetenz. [Vortrag am 2.3.2018 auf dem INAS-Kongress in Dresden, eigene Notizen].

Göbel, Elisabeth (2014). Entscheidungen in Unternehmen. Konstanz: UVK.

Göbel, Elisabeth (2016). Unternehmensethik. Grundlagen und praktische Umsetzung. 4. Auflage. Konstanz: UVK Verlagsgesellschaft.

Groner, Martina (o. J.). Vom Kollegen zum Vorgesetzten – so funktioniert die neue Rolle als Führungskraft (Whitepaper). https://www.haufe-akademie.de/shoppingcart/add=61208082&type=4. Abruf am 6. August 2019.

Groß, Michael (2014). Handbuch Change-Manager. Weinheim: Beltz.

Grün, Anselm (2002). Menschen führen – Leben wecken. Münsterschwarzach: Vier-Türme-Verlag.

Günter, Thomas (2013). German Catholic Identity Matrix. Profilentwicklung in katholischen Gesundheits- und Sozialeinrichtungen. In: Zeitschrift für medizinische Ethik. Heft 2/2013. S. 107–116.

Haderlein, Ralf, Schneider, Armin und Menzel, Daniela (2016). Prozess- und Ergebnisevaluation für das Projekt German-CIM; – Abschlussbericht vom 13. Oktober 2016 –. Koblenz: Institut für Forschung und Weiterbildung im Fachbereich Sozialwissenschaften der Hochschule Koblenz [unveröffentlichtes Manuskript].

Hagen, Christine und Simonson, Julia (2017). Inhaltliche Ausgestaltung und Leitungsfunktionen im freiwilligen Engagement. In: Simonson, Julia, Vogel, Claudia und Tesch-Römer, Clemens. Freiwilliges Engagement in Deutschland. Der Deutsche Freiwilligen Survey 2014. Wiesbaden: Springer VS. S. 299–331.

Halfar, Bernd (2014). Controlling in sozialwirtschaftlichen Organisationen. In: Arnold, Ulli, Grunwald, Klaus und Maelicke, Bernd (Hrsg.). Lehrbuch der Sozialwirtschaft. 4. Auflage. Baden-Baden: Nomos. S. 768–788.

Handy, Charles (1993). Understanding Organizations. London: Penguin.

Harnacke, Uli (2020). Remote Leadership. Führen auf Distanz – geht das überhaupt? In: https://coaching.haufe.com/thema/remote-leadership-fuhren-auf-distanz-geht-das-uberhaupt (Abruf: 5.11.2020).

Haufe-Akademie (o. J.). 10 essenzielle Tipps für neue Führungskräfte. (Whitepaper). https://www.haufe-akademie.de/l/fuehrung-leadership/10-tipps-neue-fuehrungskraefte/. Abruf am 24. Juli 2019.

Heider-Winter, Cornelia (2014) Employer Branding in der Sozialwirtschaft. Wiesbaden. Springer Gabler.

Hermann, Franz und Müller, Bettina (2019). Qualitätsentwicklung in der Sozialen Arbeit. Stuttgart: Kohlhammer.

Hillenbrand, Alexandra (2018). Im Ehrenamt zuhause. Menschen brauchen Dank und Anerkennung. In: Kolpingmagazin 2/2018. S. 10–13.

Hoop, Richard de (2014). Spitzenteams der Zukunft. So spielen Virtuosen zusammen. Offenbach: Gabal.

Hürter, Tobias (2020). So bin ich doch gar nicht. Die Kunst, richtig gesehen zu werden. In: Zeit Wissen 02/2020. S. 18–27.

International Group of Controlling (Hg.) (2010). Wirkungsorientiertes NPO-Controlling. Leitlinien zur Zielfindung, Planung und Steuerung in gemeinnützigen Organisationen. Freiburg: Haufe.

Jenewein, Wolfgang (2020). Power, Präsenz und Wärme. In: Harvard Business Manager. Mai 2020. S. 32–35.

Kahnemann, Daniel (2012). Schnelles Denken, langsames Denken. München: Siedler Verlag.

Kannicht, Andreas und Schmid, Bernd (2015). Einführung in systemische Konzepte der Selbststeuerung. Heidelberg: Carl Auer Verlag.

Kaspers, Uwe, Kennerknecht, Sonja und Schellberg, Klaus (2017). Kostenmanagement in Sozialunternehmen. 2. Auflage. Regensburg: Walhalla Verlag.

Kersten, Jens, Nue, Claudia und Vogel, Berthold (2020). Politik des Zusammenhalts. Über Demokratie und Bürokratie. Bonn: Bundeszentrale für politische Bildung.

Koeder, Kurt W. und Koeder, Tobias (2020). Mitarbeiterführung – Leading People. Pragmatische Instrumente. Baden-Baden: Tectum Verlag.

Kortendieck, Georg (2017). Strategisches Management im sozialen Bereich. Analysteinstrumente, Strategien, Planungshilfen. 2. Auflage. Regensburg: Walhalla Verlag.

Kräkel, Matthias (2006). Prinzipal-Agenten-Ansatz [Artikel]. In: Wirtschaftslexikon. Das Wissen der Betriebswirtschaftslehre. Stuttgart: Schäffer-Poeschel Verlag. Band 9. S. 4589–595.

Kränzl-Nagl, Renate, Lehner, Markus und Prinz, Thomas (2019). Sozialökonomische Wirkungsevaluation in der Sozialwirtschaft. Regensburg: Walhalla.

Kraus-Weysser, Folker (2002). Praxisbuch Public Relations. Weinheim: Beltz.

Kubisch, Sonja und Störkle, Mario (2016). Erfahrungswissen in der Zivilgesellschaft. Eine rekonstruktive Studie zum nachberuflichen Engagement. Wiesbaden: Springer VS.

Lampe, Björn, Ziemann, Kathleen und Ullrich, Angela (2015). Praxishandbuch Online-Fundraising. Bielefeld: Transcript Verlag.

Lange, Steffen und Santarius, Tilman (2018). Swarte grüne Welt? Digitalisierung zwischen Überwachung, Konsum und Nachhaltigkeit. Oekom: München.

Likierman, Andrew (2020). Besser entscheiden in der Corona-Krise. In: Harvard Business Manager Mai 2020, S. 20–31.

Macha, Katrin, Vestring, Lisa und Eichberg, Konstantin (2016). Qualitätsleitfaden KiTa-Leitung. Gütersloh: Bertelsmann Stiftung.

Meier, Lutz (2020). Die neue Kunst der Führung. In: Capital 8/2020. S. 22–32.

Maines, Dean (o. J.). Catholic Identity Matrix. Minnesota: University of St. Thomas [Flyer zur Catholic Identity Matrix].

Mahlmann, Regina (2016). Konflikte souverän managen. Konzepte, Maßnahmen, Voraussetzungen. Weinheim: Beltz-Verlag.

Malik, Fredmund (2006). Führen – Leisten – Leben. Wirksames Management für eine neue Zeit. Frankfurt am Main: Campus.

Meier, Hermann (2011). Zur Geschäftsordnung. Technik und Taktik bei Versammlungen, Sitzungen und Diskussionen. 3. Auflage. Wiesbaden: Springer VS.

Mann, Bernhard (2020). Gesprächskompetenz als Führungsaufgabe: Grundlagen lösungsorientierter Beratung – Wegmarken gelingender Kommunikation. In: Groß, Johanna (Hrsg.). Soziologie für den öffentlichen Dienst (III). Führung: Perspektiven, Trends und Herausforderungen in Theorie und Praxis. Hamburg: Maximilian Verlag. S. 103–109.

Mau, Steffen (2017). Das metrische Wir. Über die Quantifizierung des Sozialen. Berlin: Suhrkamp Verlag.

Mintzberg, Henry (2019). Die besten Gute-Nacht-Geschichten für Führungskräfte. München: redline Verlag.

Mintzberg, Henry (2011a). Managen. Offenbach: Gabal.

Mintzberg, Henry (2011b). Managing. San Francisco: Berret-Koehler.

Moos, Gabriele (2014). Risikomanagement. In: Arnold, Ulli, Grunwald, Klaus und Maelicke, Bernd (Hrsg.). Lehrbuch der Sozialwirtschaft. 4. Auflage. Baden-Baden: Nomos. S. 733–742.

Müller-Christ, Georg (2014), Nachhaltiges Management. Einführung in Ressourcenorientierung und widersprüchliche Managementrationalitäten. Baden-Baden: Nomos.

Nagel, Reinhart, Wimmer, Rudolf, osb international (2002). Systemische Strategieentwicklung. Modelle und Instrumente für Berater und Entscheider. Stuttgart: Klett-Cotta.

Nöbauer, Brigitta (2019). Personalentwicklung in Sozialunternehmen. Einflussfaktoren – Handlungsfelder – Konzepte – Strategien – Ziele. Regensburg: Walhalla.

Oberloskamp, Helga, Borg-Laufs, Michael, Röchling, Walter und Seidenstücker, Barbara (2017). Gutachtliche Stellungnahmen in der Sozialen Arbeit. Weinheim: Beltz Juventa.

Oechsler, Walter A. und Paul, Christopher (2019). Personal und Arbeit. Einführung in das Personalmanagement. 11. Auflage. Berlin: De Gruyter.

Paech, Niko (2018). Befreiung vom Überfluss. Auf dem Weg in die Postwachstumsökonomie. München: Oekom.

Pfeffer, Jeffrey und Sutton, Robert I. (2006). Hard Facts, Dangerous Half-Truths and Total Nonsense. Profiting from Evidence-Based Management. Boston: Harvard Business School Press.

Porter, Michael, Lorsch, Jay und Nohria, Nitin (2004). Seven surprises for new CEOs. In: Harvard Business Review October 2004, S. 62–72.

Preiser, Siegfried (1989). Zielorientiertes Handeln. Ein Trainingsprogramm zur Selbstkontrolle. Heidelberg: Asanger Verlag.

Rath, Tom und Conchie, Barry (2018). Führungsstärke. Was erfolgreiche Führungskräfte auszeichnet. München: Redline Verlag.

Raworth, Kate (2018). Die Donut-Ökonomie. Endlich ein Wirtschaftsmodell, das den Planeten nicht zerstört. München: Hanser.

Reybrouck, David von (2019). Gegen Wahlen. Warum Abstimmen nicht demokratisch ist. Hamburg, Zeitverlag.

Ribbeck, Jochen (2020). Personalmanagement in Sozialunternehmen. Theoretisch und methodische Grundlagen. Regensburg: Walhalla.

Roedenbeck Schäfer, Maja (2020). Generation Z gewinnen und binden. In: Sozialwirtschaft 2/2020, S. 26–27.

Roedenbeck Schäfer, Maja (2017). Recruiting to go für Sozial- und Pflegeeinrichtungen. Regensburg: Walhalla.

Schellberg, Klaus (2017). Betriebswirtschaftslehre für Sozialunternehmen. BWL-Grundwissen für Studium, Fortbildung und Praxis. 6. Auflage. Regensburg: Walhalla.

Schiersmann, Christiane und Thiel, Heinz-Ulrich (2018). Organisationsentwicklung. Prinzipien und Strategien von Veränderungsprozessen. 5. Auflage. Wiesbaden: Springer VS.

Schneider, Armin (2015). Aller Anfang ist gar nicht so schwer: Veränderungen gestalten. In: ders. (Hg.). Die Kita als Türöffner – Wege zur Sozialraumorientierung. Berlin: Cornelsen. S. 129–141.

Schneider, Armin (2017). Aus Führungsfehlern lernen. Impulse für Mitarbeiterinnen, Mitarbeiter in Führungskräfte in Non-Profit-Organisationen. Regensburg: Walhalla.

Schneider, Armin (2018). Betriebsrente: Wette oder Versprechen? Ethische und nachhaltige Orientierungen. Karlsruhe: VVW.

Schneider, Armin (2019a). Das Spiel mit der Geschäftsordnung – Mitwirkung in Gremien organisieren. In: ders. (Hg.). Qualität im Diskurs entwickeln. Weimar: Verlag das Netz. S. 61–70.

Schneider, Armin (2016). Ethik in Management und Leadership im Non-Profit-Sektor. Herausforderungen und Ansätze für bessere Entscheidungen in Organisationen. Brandenburg: Hochschulverbund Distance Learning.

Schneider, Armin (2019b). Qualität im Diskurs entwickeln. Erfahrungen und Perspektiven im kompetenten System der Kindertagesbetreuung. Weimar: Verlag das Netz.

Schneider, Armin (2019c). (Soziale) Nachhaltigkeit als Kern der Sozialwirtschaft entdecken – umsetzen – verantworten. In: Nachrichtendienst des Deutschen Vereins für öffentliche und private Fürsorge Juli 2019, S. 322–325.

Schneider, Armin (2010). Soziales Managen. Schwalbach/Ts.: Wochenschau Verlag.

Schneider, Armin (2020a). Vom Oktopus lernen. In: Sozialwirtschaft aktuell 9/2020. S. 1–3.

Schneider, Armin (2020b). Was die Erfahrung lehrt. Empirie in der Sozialen Arbeit. Weinheim: Beltz Juventa.

Schneider, Armin (2005). Wege zur verantwortlichen Organisation. Frankfurt am Main: IKO-Verlag.

Schneider, Armin, Herzog, Sylvia, Kaiser-Hylla, Catherine und Pohlmann, Ulrike (2015). Kindertageseinrichtungen: Qualitätsentwicklung im Diskurs. Opladen: Verlag Barbara Budrich.

Schneiders, Katrin (2020). Sozialwirtschaft und Soziale Arbeit. Stuttgart: Kohlhammer.

Schönberger, Joachim (2020). Bleibe-Gespräche führen. In: Sozialwirtschaft 2/2020, S. 30–31.

Schubert, Herbert (2018). Netzwerkmanagement in Kommune und Sozialwirtschaft. Wiesbaden: Springer VS.

Sekretariat der Deutschen Bischofskonferenz (2014). Soziale Einrichtungen in katholischer Trägerschaft und Aufsicht. 3. Auflage. Bonn: Sekretariat der Deutschen Bischofskonferenz.

Sharot, Tali (2017). Die Meinung der anderen. Wie sie unser Denken und Handeln bestimmt – und wir sie beeinflussen. München: Siedler.

Siemann, Christiane (2019). Im Auge des Change. In: Personalwirtschaft 12/2019, S. 20–25.

Simonson, Julia und Romeu Gordo, Laura (2017). Qualifizierung im freiwilligen Engagement. In: Simonson, Julia, Vogel, Claudia und Tesch-Römer, Clemens. Freiwilliges Engagement in Deutschland. Der Deutsche Freiwilligen Survey 2014. Wiesbaden: Springer VS. S. 355–376.

Solidaris (Hrsg.) (2007). Corporate Governance sozialtätiger Unternehmen. Grundlagen und Hinweise für Verantwortliche in Geschäftsführungs- und Aufsichtsgremien. Köln: Solidaris.

Sprenger, Reinhard K. (2015). Das anständige Unternehmen. München: DVA.

Sprenger, Reinhard K. (1997). Die Entscheidung liegt bei Dir! Frankfurt am Main: Campus.

Sprenger, Reinhard K. (2020). Ein Unternehmen ist organisierter Konflikt. In: Harvard Business Manager Mai 2020. S. 58–59.

Sprenger, Reinhard K. (1996). Mythos Motivation. Frankfurt am Main: Campus.

Sprenger, Reinhard K. (2012). Radikal führen. Frankfurt am Main: Campus.

Sprinkart, Karl Peter (2015). Nachhaltigkeit messbar machen. Integrierte Bilanzierung für Wirtschaft, Sozialwirtschaft und Verwaltung. Regensburg: Walhalla.

Straßburger, Gaby (2014). Die institutionelle Verankerung von Partizipation: Strukturelle Weichenstellungen. In: dies. und Rieger, Judith (2014). Partizipation kompakt. Weinheim: Beltz Juventa. S. 82–99.

Straßburger, Gaby und Rieger, Judith (2014). Partizipation kompakt. Weinheim: Beltz Juventa.

Thaler, Richard H. und Sustein, Cass R. (2017). Nudge. Wie man kluge Entscheidungen anstößt. Berlin: Ullstein.

Urselmann, Michael (2014). Fundraising. In: Arnold, Ulli, Grunwald, Klaus und Maelicke, Bernd (Hrsg.) Lehrbuch der Sozialwirtschaft. 4. Auflage. Baden-Baden: Nomos. S. 707–732.

Vollmer, Lars (2016). Führungskräfte müssen Vorbild sein? Eine Widerlegung in drei Schrittenhttps://intrinsify.de/fuehrungskraefte-muessen-vorbild-sein-eine-widerlegung-in-drei-schritten/ (Abruf am 6.11.2020).

Von Weizsäcker, Ernst Ulrich und Wijkman, Anders (2019). Wir sind dran. Was wir ändern müssen, wenn wir bleiben wollen. München: Pantheon.

Watkins, Michael D. (2012). How Managers become leaders. In: Harvard Business Manager. June 2012. pg. 64–72.

Wendt, Thomas (2020). Moderation des Unverfügbaren: Führung in Zeiten von Digitalisierung und Reorganisation. In: Groß, Johanna (Hrsg.). Soziologie für den öffentlichen Dienst (III). Führung: Perspektiven, Trends und Herausforderungen in Theorie und Praxis. Hamburg: Maximilian Verlag. S. 17–27.

Wilkinson, Richard und Pickett, Kate (2009). Gleichheit ist Glück. Warum gerechte Gesellschaften für alle besser sind. Frankfurt/Main: Zweitausendeins.

Stichwortverzeichnis

Absicherung für Vorstände 41
ad experimentum 55
agil 35
agile Führung 68
Alternativen 18, 25
Analyse 131
Anpassen 24
Anreize 99
Anträge zur Geschäftsordnung 63
Antrittsrede 55
Arbeitsorganisation 133
Arbeitstechniken 130
Arbeitszufriedenheit 109
Aufgaben 141
Aufsicht 88, 89
Aufsichtsstrukturen 89
Aufstieg 135
Außenfinanzierung 85
Authentizität 130
Autonomie 24

Besprechungen 57
Betriebliches Gesundheitsmanagement 106
Betriebliches Rechnungswesen 77
Betriebsklima 107
Beziehungen 26
Beziehungsstärkung 16
Bilanz 78, 80
Bilanzkennzahlen 81
Bleibe-Gespräche 107
Buchführung 79
Buchhaltung 77, 78
Budget 82
Bürokratie 27, 35

Catholic Identity Matrix 104
Change-Management 45
Change-Manager 47
Controlling 58

Delegation 100, 112
Digitale Tools 14
Digitalisierung 14
Digital Leadership 14
Distanz 25
Diversity-Management 114
Dokumentation 72, 77
doppelte Buchführung in Konten 78
Doppik 78

Ecological Return on Invest 96
Ehrenamt 16, 102
Ehrenamtliche 102
Ehrenamtliche führen 101
ehrenamtliche Führung 17
ehrenamtliche Leitung 16
Einarbeitung 104, 137
Einstellungen 146
Emotionen 28, 55, 70, 118, 123
Employer-Branding 107
Entscheidung 131
Entscheidungen 18
Entscheidungsarchitektur 19
Entscheidungsprozess 18
Erfahrung 25
Ernstnahme 118
Erste 100 Tage 9, 10
Erster Eindruck 138
Erwartungen 105
Ethik 49
ethisch reflektiertes Handeln 49

Faktoren, harte 11
Faktoren, weiche 11
Fehlentwicklungen 46
Fehler 9, 139
Finanzen 76
Finanzierung 84
Finanzierungsformen 85
Flurfunk 67
Forderungen 111
Fort- und Weiterbildungen 115
Fragen 132
Freiwillige 101
freiwilliges Engagement 103
Fremd in der Organisation 140
Freundschaften 136

Führen auf Distanz 14
Führung 20, 130
Führung in der Krise 25
Führung, indirekte 15
Führungsaufgaben 13, 21, 28
Fundraising 86

Gemeinwohl 34
Gemeinwohlökonomie 34
Generation Z 108
Gerüchte 67, 123
Geschäftsfelderstrategie 43
Geschäftsordnung 62, 63
Gesprächsführung 67
Gesprächsnotizen 61
Gestaltung 26
Gesundheitsmanagement 105
Gewinn- und Verlustrechnung 80
Gremien 62
Grundsätze ordnungsgemäßer Buchführung 79

Haftung 41, 89, 90
Haltung 15, 28, 102, 106, 108
Haltungen 68, 146
Harvard-Konzept 29
Hauptamt 16
Haushalt 87
Hilfe 144
Hochleistungsteam 119
Hoffnung 25

Ideen 25
Incentives 99
Information 64
Informationen 23
Innenfinanzierung 85
innere Kündigung 107, 110, 111
Interessen 23

Jammern 135
Johari-Window 134

Kameralistik 78, 87
kaufmännische Buchführung 81
Kennziffern 50
Knappheit 76
kognitive Systeme 19
Kommunikation 23, 24, 54, 107
Kommunikationskultur 57, 66
Komplexität 19
Konflikte 13, 21, 27, 103
Konfliktlösung 28
Konten 79
Kontenplan 79
Kontrolle 77, 88, 124
Kostenartenrechnung 91
Kostenplanung 83
Kostenstellenrechnung 91
Kostenträgerrechnung 91
Kosten- und Leistungsrechnung 90
Krise 24, 26
Krisensituationen 18
Kritik 130
Kündigung 122

Leader 21
Leadership 20
Leitbild 30
Liquidität 82, 85

Macht 118
Management 20
Manager 21
Marketing 31
Markt 49, 77
Mauschelpausen 64, 66
Medien 71
Misstrauen 110
Mitarbeiterbindung 107
Mitarbeiter/innenbindung 108
Mitarbeiter/innen führen 13
Mitarbeiter/innengespräch 108
Motivation 108, 110
Motive 103

Nachhaltigkeit 33
Nachhaltigkeit, soziale 33
Nebenwirkungen 60
Netzwerke 23
Non-Profit-Organisation 59
Nudging 70

Öffentlichkeit 70
Öffentlichkeitsarbeit 69
Ökologie 34
Ökonomie 35, 76
Online-Fundraising 86
Opferrolle 26
Organisation 26, 35
Organisationskulturen 36

Partizipation 111
Personal 99
Personalauswahl 113, 114
Personalentwicklung 115
Personalführung 116
Personalfürsorge 105
Personalmanagement 99
Personalmarketing 113
Personalrecruiting 113
Personalselektion 113
Präsenz 15, 116
Prinzipal-Agent-Theorie 65, 124
Prioritäten 141
Proflikte 122
Projektmanagement 19
Protokolle 72
Public Relation 69

Qualifizierung 17
Quasi-Markt 50

Raster für Protokolle 72
Rechtsform 41
Remote Leadership 15
Ressourcen 76
Ressourcennutzung 95
Risikomanagement 40, 88
Rolle 135, 146
Rücklagen 85

Schwächen 24
Selbsterkenntnis 134
Selbstmanagement 146
Selbstorganisation 130
Selbstwirksamkeit 111
Sinn 26
Sitzungsleitung 58
Social Return on Invest 96
Sorge für sich selbst 130
Soziale Erfolgskriterien 117
Soziale Nachhaltigkeit 33
Sozialmanagement 22
sozialwirtschaftliches Dreieck 32
Spenden 86
Stakeholder 43
Stakeholderanalyse 44
Stärken 142, 143
Steuerung 23
Strategie 24, 42
Streitkultur 29
Subsidiarität 101
Sündenbock 135
Systeme 19

Taktik 130
Talente 120
Teamarten 119
Teamdynamiken 118
Teamrollen 121
Teilgabe 111
Teilhabe 111
Tests 115
Transaktionskosten 13, 21
Transformation 15
Trennung 122

Überzeugungs-Bias 70
Umsetzung 25
Ungleichheit 100
Unternehmenskultur 30
Unterstützung 144
Urteilsvermögen 18

Veränderungen 45, 70
Veränderungsprozess 46, 47
Verantwortung 10, 41, 48, 135
Verein 41
Verlaufsprotokoll 73
Vertrauen 25, 124
vertrauensbildende Maßnahmen 124
Vier-Augen-Prinzip 88, 124
Vision 130
Vorbild 144
Vorgänger/in 145

Wahrnehmung 28
Wahrnehmungsverzerrungen 114, 138
Walking Meetings 64
Werte 35, 104, 146
Wertschätzung 99, 103, 107, 118
Wettbewerb 49
Widerstand 46
Wirkung 60
Wirkungsforschung 60
Wirkungsmessung 60
Wirkungsmodell 59
wirkungsorientierte Steuerung 58
Wissenserwerb 25
Wissensmanagement 65

Zeitbudget 147
Zeitmanagement 146
Zeugnis 125
Zeugnissprache 126
Zielhierarchie 141
Zukunftsfähigkeit 13, 22
Zusammenarbeit 13, 21
Zuständigkeiten 102